Katja Sachs

Die Sätze von D. Klarner und N. G. de Bruijn als Exponate

GRIN Verlag

Bibliografische Information der Deutschen Nationalbibliothek:

Die Deutsche Bibliothek verzeichnet diese Publikation in der Deutschen Nationalbibliografie; detaillierte bibliografische Daten sind im Internet über http://dnb.d-nb.de/ abrufbar.

Impressum:

Druck und Bindung: Books on Demand GmbH, Norderstedt Germany
ISBN: 978-3-640-82600-1

Technische Universität Dresden

Fakultät Mathematik und Naturwissenschaften
Institut für Algebra
Sommersemester 2010

Bachelorarbeit
Die Sätze von D. Klarner und N.G. de Bruijn als Exponate

vorgelegt von:
Katja Sachs

Studiengang: BA-LA ABS Deutsch/ Mathematik/ Ethik-Philosophie

Abgabetermin: 08.06.2010

Inhaltsverzeichnis

Abbildungsverzeichnis

1 Einleitung

Sie sind in der Tageszeitung, in eigens für sie konzipierten Heften und zu Hunderten im Internet zu finden und nahezu jeder Mensch hat Spaß, sie zu bearbeiten. Die Rede ist von Knobel- und Geduldspielen. Sie zu lösen, wie beispielsweise das Sudoku in der Zeitung, führt zu einem kleinen Erfolgserlebnis am Tag. Seit mehr als 2000 Jahren sind die Menschen von ihnen begeistert, wie auch das bekannteste Geduldspiel unserer Zeit, der Rubikwürfel, zeigt. Als ältestes überliefertes Knobelspiel zählt das Tangram, das zwischen dem 8. und 4. Jahrhundert vor Christus in China entstanden ist. Meist sind sie für eine Person konzipiert, zur Anregung des Denkens und Problemlösens. Das Ziel dieser Spiele ist, das Prinzip des Objekts zu durchschauen. Im Erlebnisland Mathematik Dresden gibt es verschiedene Formen von Geduldspielen als Exponate für Jung und Alt zu entdecken. Davon wurden zwei für diese Arbeit ausgewählt: Der „Satz von Klarner" und der „Conway-Würfel"[1]. Sie gehören zu sogenannten Zusammensetzspielen.
Der erste Teil der Arbeit beschäftigt sich mit mathematischen Beweisen, die zeigen, warum für den „Satz von Klarner" keine Lösung existieren kann und wie man die Teile des „Conway-Würfels" zusammen setzen muss, damit ein Würfel entsteht.
Daran anschließend werden die Exponate ausführlich dargestellt und Vorschläge für weitere mögliche Ausstellungsstücke im Erlebnisland Mathematik gebracht.
Da Geduldspiele in unserem Leben häufig vorkommen, wird in einem weiteren Kapitel der Bildungswert dieser Spiele und ihre Stellung in den sächsischen Lehrplänen der Grund- und Mittelschule, sowie des Gymnasiums für den Mathematikunterricht beschrieben.
Im letzten Kapitel werden zahlreiche Anregungen und Handlungsvorschläge für die Umsetzung im Unterricht gegeben. Ein ausdrückliches Ziel dieser Arbeit ist, das erstellte Material den sächsischen Schulen über die Homepage des Erlebnislandes Mathematik zugänglich zu machen, die Schüler für die Vielfältigkeit dieser Spiele zu sensibilisieren und sie für die mathematische Seite an ihnen zu begeistern.

[1]Mittlerweile heißt dieses Exponat „Slothuber-Graatsma-Rätsel". Zur Zeit der Erstellung dieser Arbeit hieß es aber „Conway-Würfel". Deshalb beziehe ich mich während der ganzen Arbeit auf diesen Namen.

2 Mathematische Grundlagen

Geduldspiele sind schon sehr alte Spiele für eine Person. Zusammensetzspiele oder auch sogenannte Packprobleme sind ein Teil dieser Spiele und recht beliebte Rätsel. David Klarner und Nicolaas Govert de Bruijn haben sich mit Rätseln der folgenden Art beschäftigt: Es sollte gezeigt werden, ob mit einem Satz von Steinen eine Box, die das gleiche Volumen hat, wie die Summe der Volumen der Steine, vollständig, also ohne Lücken und ohne das Volumen zu überschreiten, gefüllt werden kann, oder ob dies unmöglich ist.

Im Folgenden werden zwei Exponate aus dem Erlebnisland Mathematik mathematisch beleuchtet, wobei beim Ausstellungsstück „Conway-Würfel“ das Packproblem lösbar ist und die Unlösbarkeit am Exponat „Satz von Klarner“ verdeutlicht wird.

2.1 De Bruijns Beweis durch Einfärben

Beim „Satz von Klarner“ handelt es sich um ein 10×10 Kästchen-Feld, das mit 1×4 Kästchen-Streifen vollständig ausgefüllt werden soll. De Bruijn hat durch Einfärben gezeigt, dass dies nicht möglich ist. In seinen Betrachtungen verwendete er eine $10 \times 10 \times 10$ Box, die mit $1 \times 1 \times 4$ Steinen gefüllt werden sollte. Der „Satz von Klarner“ ist ein zwei-dimensionaler Sonderfall von de Bruijns Beweis. Den einzelnen Zellen mit der Ausdehnung $1 \times 1 \times 1$ in der Box werden die Koordinaten $(x\ y\ z)$ zugeordnet. Die Summe aus x, y, z wird durch 4 dividiert. Jede Zelle wird blau, gelb, rot oder grün gefärbt, je nachdem, ob die Koordinate der Zelle bei Teilbarkeit durch 4 den Rest 0, 1, 2 oder 3 lässt. Die Zellecke mit den Koordinaten $(1\ 1\ 1)$ ist grün, die benachbarte Zelle $(2\ 1\ 1)$ blau, $(3\ 1\ 1)$ gelb, $(4\ 1\ 1)$ rot und bei $(5\ 1\ 1)$ folgt wieder eine grüne Zelle. Dieses Farbschema hat die Eigenschaft, dass auf jedem $1 \times 1 \times 4$ Stein jede Farbe genau einmal vorkommt, egal an welcher Stelle er sich in der Box befindet. Das Gesamtvolumen der Box beträgt 1000 Einheiten, welche auf die vier Farben aufgeteilt sind. Erwartungsgemäß sollte jede Farbe 250 Mal in der Box enthalten sein. Dies ist nicht der Fall: Das beschriebene Schema enthält von den Farben grün und blau jeweils 250 Zellen, von rot 251 und kann somit nur 249 gelbe Zellen enthalten. Da aber jeder Stein jede Farbe bedecken muss, existiert keine Möglichkeit, die Box vollständig zu packen.

Die Abbildung 1 verdeutlicht das Farbschema für den zweidimensionalen Fall, ein 10×10 Kästchen-Feld, wie es für das Exponat im Erlebnisland Mathematik erstellt wurde. Es gibt zwei Farben, die sich an der Nebendiagonalen symmetrisch spiegeln lassen. Rot, welches die Nebendiagonale bildet, kommt mit 26 Kästchen am häufigsten vor und gelb, das keine Ecke belegt, ist die Farbe, die mit 24 Kästchen am wenigsten vorhanden ist. Grün und blau treten genau 25 Mal auf. Das Exponat wird im Abschnitt 3.1 ausführlich vorgestellt.

Abbildung 1: Farbschema für den zweidimensionalen Fall

2.2 De Bruijns mathematischer Beweis

Für den mathematischen Beweis wandte de Bruijn ein Verfahren an, das in einem wohl bekannten Problem vorkommt: Man schneidet bei einem Schachbrett, ein 8×8 Feld, zwei diagonal gegenüberliegende Ecken ab und versucht zu beweisen, dass es unmöglich ist, die übrigen 62 Kästchen mit 31 1×2 Dominosteinen zu bedecken. Die Unmöglichkeit wird wie folgt gezeigt: Jeder Dominostein soll ein weißes und ein schwarzes Feld bedecken. Die zu bedeckende Fläche hat aber nicht die gleiche Anzahl schwarzer und weißer Felder, da die beiden abgeschnittenen Felder die gleiche Farbe haben. Deshalb ist es unmöglich, ein Schachbrett dieser Art mit solchen Dominosteinen auszulegen.

De Bruijn beweist in seiner Schrift „Filling Boxes with Bricks“ [6] für den dreidimensionalen Fall, dass eine $10 \times 10 \times 10$ Box nicht trivial mit $1 \times 1 \times 4$ Steinen gefüllt werden kann, da 4 nicht 10 teilt.

Die Maße n-dimensionaler Steine und Boxen werden durch ganze Zahlen ausgedrückt. Wir setzen $a_1 \times \ldots \times a_n$ für die Steine und $A_1 \times \ldots \times A_n$ für die Größe der Boxen. Die Box $A_1 \times \ldots \times A_n$ heißt ein Vielfaches vom Stein $a_1 \times \ldots \times a_n$, wenn es ganze Zahlen $q_1, \ldots, q_n$ gibt, sodass sich durch $a_1q_1, \ldots, a_nq_n$ die Box $A_1, \ldots, A_n$ darstellen lässt[2]. Es ist leicht zu erkennen, dass eine Box nur dann auch trivial gefüllt werden kann.

Der Stein $a_1 \times \ldots \times a_n$ heißt harmonisch, wenn die Zahlen $a_1, \ldots, a_n$ in $a'_1, \ldots, a'_n$ mit $a'_1|a'_2, a'_2|a'_3, \ldots, a'_{n-1}|a'_n$ geändert werden können[3]. Die harmonischen Steine haben die Eigenschaft der $1 \times 2 \times 4$ Steine gemeinsam. Im Gegensatz dazu fehlen den nicht-harmonischen Steinen diese Eigenschaften. Wenn der Stein harmonisch ist, kann jede Box, die gefüllt werden kann, auf triviale Weise gefüllt werden. Dies wird später bewiesen. Zuerst beweisen wir:

Satz 1. *Wenn die Box $A_1 \times \ldots \times A_n$ mit den Steinen $a_1 \times \ldots \times a_n$ gefüllt werden kann, dann ist wenigstens eines der A_i ein Vielfaches von a_1 und wenigstens ein A_i ein Vielfaches von a_2 etc. (Dies impliziert nicht notwendig, dass die Box ein Vielfaches des Steins ist, wie das Zahlenbeispiel der $1 \times 5 \times 6$ Box mit $1 \times 2 \times 3$ Steinen und die Abbildung 2 zeigt.)*

Beweis. Es genügt a_1 anzunehmen. Wie jeder Stein $a_1 \times \ldots \times a_n$ in Steine mit $a_1 \times 1 \times \ldots \times 1$ unterteilt werden kann, können wir mit der Annahme beginnen, dass die Box auf irgendeine Weise mit solchen $a_1 \times 1 \times \ldots \times 1$ Steinen gefüllt ist. Wir unterteilen jeden von ihnen in a_1 Würfel mit $1 \times \ldots \times 1$. Die Box enthält nun $A_1 \cdot A_2 \cdot \ldots \cdot A_n$ Würfel. Wir geben diesen Würfeln die Koordinaten $(k_1, \ldots, k_n)$ mit

[2]Beispiel: Eine Box $3 \times 10 \times 12$ wird mit $1 \times 2 \times 3$ Steinen gefüllt, wobei $q_1 = 3,\ q_2 = 5,\ q_3 = 4$.
[3]Beispiel: Der Stein $2 \times 6 \times 18$ heißt harmonisch, da $2|6, 6|18$.

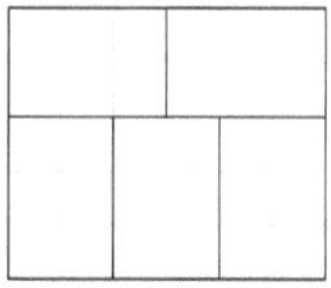

Abbildung 2: Box 5 × 6 ist kein Vielfaches der Steine 2 × 3

$(1 \leq k_1 \leq A_1, \ldots, 1 \leq k_n \leq A_n)$. Wir betrachten die Summe

$$S(A) = \sum_{k=1}^{A} e^{\frac{2\pi ik}{a_1}} \text{mit} A \in \mathbf{N} \tag{1}$$

und das Summenvielfache

$$S(A_1) \ldots S(A_n) = \sum_{k_1=1}^{A_1} \ldots \sum_{k_n=1}^{A_n} e^{\frac{2\pi i(k_1+\ldots+k_n)}{a_1}}. \tag{2}$$

Jeder Term dieser Summenvielfache entspricht einem Würfel in der Box. Diese Terme können in Blöcke von a_1 Termen gruppiert werden, um die Terme zu kombinieren, die den Würfeln entsprechen und damit zu ein und demselben Stein gehören. In dieser Menge von Termen durchläuft einer der Indizes einen Satz von a_1 aufeinanderfolgenden ganzen Zahlen, während die anderen Indizes unverändert bleiben. Daraus folgt, dass der Beitrag einer solchen Gruppe von Werten gleich 0 ist, ungeachtet der Ausrichtung der Steine.

Wir schlussfolgern, dass die Summenvielfache über die Würfel „verschwinden" und daher eines der $S(A_j) = 0$ ergibt. Da

$$S(A_j) = x + x^2 + \ldots + x^{A_j} = \frac{x(x^{A_j} - 1)}{x - 1} \qquad \text{mit} \qquad x = e^{\frac{2\pi i A_j}{a_1}} \tag{3}$$

haben wir $e^{\frac{2\pi i A_j}{a_1}} = 1$. Daraus folgt, dass A_j ein Vielfaches von a_1 ist. ■

Satz 2. *Wenn eine Box mit harmonischen $a_1 \times \ldots \times a_n$ Steinen gefüllt ist, dann ist die Box ein Vielfaches der Steine.*

Beweis. Wir verwenden zum Beweis Induktion über n. Wenn $n = 1$, haben wir den trivialen Fall. Angenommen, dass die Behauptung den Fall $(n - 1)$ unterdrückt, sollten wir den Fall von n Dimensionen angehen.

Ohne Verlust der Allgemeinheit nehmen wir an, dass $a_1|a_2, a_2|a_3, \ldots, a_{n-1}|a_n$. Wenn die Box $A_1 \times \ldots \times A_n$ groß ist, wissen wir durch Satz 1, dass ein A_i ein Vielfaches von a_n ist. Wir nehmen somit an, das A_n ein Vielfaches von a_n ist

Berücksichtigen wir einen $(n-1)$-dimensionalen Fall mit der Box $A_1 \times \ldots \times A_{n-1}$. Diese wird vollständig mit $(n-1)$-dimensionalen Steinen verschiedener Größen gefüllt. Die Größen können folgendermaßen variieren: $a_2 \times \ldots \times a_n$ oder $a_1 \times a_3 \times \ldots \times a_n$ oder $a_1 \times a_2 \times \ldots \times a_{n-1}$. Jeder dieser Steine kann auf Grund der Teilbarkeitseigenschaft von $a_1, \ldots, a_n$ in $(n-1)$-dimensionale Steine $a_1 \times \ldots \times a_{n-1}$ unterteilt werden. Der Stein $a_1 \times \ldots \times a_{n-1}$ sei harmonisch. Wir stellen fest, dass auf Grund der Induktionsbehauptung $A_1 \times \ldots \times A_{n-1}$ ein Vielfaches von $a_1 \times \ldots \times a_{n-1}$ ist.

Da wir wissen, dass $a_n|A_n$, folgern wir, dass $A_1 \times \ldots \times A_n$ ein Vielfaches von $a_1 \times \ldots \times a_n$ ist. ■

Satz 3. *Wenn der Stein $a_1 \times \ldots \times a_n$ nicht harmonisch ist, dann gibt es eine Box, die, ohne ein Vielfaches der Steine zu sein, gefüllt werden kann.*

Beweis. Wir nehmen an, dass $n > 1, a_1 \leq a_2 \leq \ldots \leq a_n$ und dass k die größte ganze Zahl ist, für die a_{k-1} nicht a_k teilt (sodass $2 \leq k \leq n$).

Eine Box $(a+b) \times ab$ kann mit $a \times b$ Steinen gefüllt werden (siehe Abbildung 2). Daher kann die Box $a_1 \times \ldots \times a_{k-2} \times (a_{k-1} + a_k) \times a_{k-1}a_k \times a_{k+1} \times \ldots \times a_n$ mit $a_1 \times \ldots \times a_n$ Steinen gefüllt werden. Wir zeigen, dass diese Box kein Vielfaches des Steins ist. Sei j die kleinste gerade Zahl mit $a_j = a_{k-1}$. Dann ist keine der Zahlen $a_1, \ldots, a_{j-1}, a_{k-1} + a_k$ durch eine der Zahlen $a_j, \ldots, a_{k-1}, a_k, \ldots, a_n$ teilbar.

(Merke, dass $a_j = \ldots = a_{k-1}$ und $a_{k-1} + a_k$ weder durch a_{k-1} oder a_k, noch durch irgendein anderes Vielfaches von a_k teilbar sind. Außerdem sind $a_{k+1}, \ldots, a_n$ Vielfache von a_k, je nachdem, wie k gewählt wurde.) Wenn die Box $A_1 \times \ldots \times A_n$ ein Vielfaches vom Stein $a_1 \times \ldots \times a_n$ ist, kann es höchstens $j-1$ i geben, sodass A_i kein Vielfaches der Zahlen $a_j, \ldots, a_n$ ist. Daher ist die oben konstruierte Box kein Vielfaches des Steins.

Somit wurde gezeigt, dass es nicht möglich ist, eine $10 \times 10 \times 10$ Box trivial mit $1 \times 1 \times 4$ Steinen zu füllen und damit auch nicht im zweidimensionalen Fall ein 10×10 Kästchen-Feld mit 1×4 Streifen vollständig auszulegen. ■

2.3 Beweis des Satzes von Klarner

David Klarner brachte einen sehr interessanten Beweis, der als Grundlage für viele Packprobleme gilt. Bevor wir das Lemma für diesen Satz beweisen, müssen wir ein paar Formalitäten festschreiben: Der größte gemeinsame Teiler (ggT) der Zahlen $a, b, \ldots$ wird durch $(a, b, \ldots)$ dargestellt und das kleinste gemeinsame Vielfache (kgV) dieser Zahlen durch $[a, b, \ldots]$.

Lemma. *Jede Menge von natürlichen Zahlen* $\{m_1, m_2, \ldots\}$ *enthält eine endliche Teilmenge* $\{n_1, \ldots, n_t\}$, *sodass* $(m_1, m_2, \ldots) = (n_1, \ldots, n_t)$.

Beweis. Wir können ohne Verlust der Allgemeinheit voraussetzen, dass $\{m_1, m_2, \ldots\}$ unendlich ist und dass $(m_1, m_2, \ldots) = 1$, womit wir diese Voraussetzung treffen. Seien $p_1, \ldots, p_j$ die verschiedenen Primteiler von m_1 und für jedes $i = 1, \ldots, j$ existiere ein $x_i \in \{m_1, m_2, \ldots\}$, sodass $(p_i, x_i) = 1$, denn sonst wäre $(m_1, m_2, \ldots)$ durch p_i teilbar. Jetzt ist offensichtlich $(m_1, x_1, \ldots, x_j) = 1$ und damit der Beweis vollständig.
Damit können wir den „Box-Pack-Satz“ von D. Klarner beweisen:

Satz. *Die Menge von Primzahlen* $P(A)$ *ist endlich für jede Menge* $A = \{A_i = \langle a_{i1}, \ldots, a_{ik}\rangle : i = 1, 2, \ldots\}$.

Beweis. Nehmen wir an, die Aussage des Satzes ist falsch und streben einen Widerspruch an. Wenn die Aussage falsch ist, dann existiert eine kleinste Dimension k, sodass eine Menge $A = \{A_i = \langle a_{i1}, \ldots, a_{ik}\rangle : i = 1, 2, \ldots\}$ existiert mit $P(A)$ unendlich. Es folgt gleichzeitig aus dem Lemma, dass $k \geq 2$. Da wir voraussetzen, dass $P(A)$ unendlich ist, können wir die Angelegenheit vereinfachen und annehmen, dass $P(A) = A$ ist.
Nun bemerken wir, dass jede der Folgen $\{a_{ij} : i = 1, 2, \ldots\}$ für $j = 1, \ldots, k$ gegen unendlich konvergiert. Wäre dies nicht der Fall, hätten wir eine unendliche Teilmenge $B = \{B_i = \langle b_{i1}, \ldots, b_{ik}\rangle : i = 1, 2, \ldots\}$ von A, sodass für einige $j = 1, \ldots, k$, $b_{ij} = b$ für $i = 1, 2, \ldots$; angenommen, dass $j = k$, dann ist $b_{ik} = b$ für $i = 1, 2, \ldots$. Sei $B^* = \left\{B_i^* = \left\langle b_{i1}, \ldots, b_{i(k-1)}\right\rangle : i = 1, 2, \ldots\right\}$; weil $B \subset A$, ist $P(B) = B$ und daher auch $P(B^*) = B^*$. Dies ist ein Widerspruch, weil die Dimension der Boxen in B^* kleiner als k ist.

Wir nehmen wieder ohne Verlust der Allgemeinheit an, dass die Elemente von A, geordnet sind, sodass

$$\prod_{j=1}^{k} a_{ij} \leq \prod_{j=1}^{k} a_{i'j} \tag{4}$$

für alle $i < i'$; wir nehmen außerdem an, dass das Produkt $a_{11} \dots a_{1k}$ ein Minimum über alle unendlichen Mengen A mit $P(A) = A$ ist. Aus dieser letzten Behauptung folgt, dass es eine natürliche Zahl p gebe, sodass $(a_{1j}, a_{nj}) = 1$ für alle $n > p$. Um dies zu zeigen, müssen wir zudem noch annehmen, dass eine unendliche Teilfolge $B = \{B_i = \langle b_{i1}, \dots, b_{ik} \rangle : i = 1, 2, \dots\}$ von A mit $B_1 = A_1$ existiere, sodass $(b_{1j}, b_{2j}, \dots) = b_j > 1$ für einige $j = 1, \dots, k$. Dann jedoch hätten wir eine unendliche Folge $B^* = \{B_i^* = \langle b_{i1}/b_1, \dots, b_{ik}/b_k \rangle : i = 1, 2, \dots\}$ mit $P(B^*) = B^*$ und ein Volumen von B_1^*, das kleiner ist, als das Volumen von A_1 und damit einen Widerspruch.

Zur Zusammenfassung: Wir haben die Existenz einer unendlichen Folge $A = \{A_i = \langle a_{i1}, \dots, a_{ik} \rangle : i = 1, 2, \dots\}$ angenommen, sodass $P(A) = A$. Von dieser Annahme haben wir abgeleitet, dass jede dieser Folgen $\{a_{ij} : i = 1, 2, \dots\}$ für $j = 1, \dots, k$ gegen unendlich konvergieren muss; außerdem gebe es eine Zahl p, sodass $(a_{1j}, a_{nj}) = 1$ für alle $n > p$ und $j = 1, \dots, k$.

Nun werden wir zeigen, dass eine Zahl N existiere, sodass $A_1 \cup \ldots \cup A_n$ einige $X \in A_i$ für alle $i > N$ füllt, wodurch wir einen Widerspruch erhalten werden, der den Satz impliziert.

Angenommen für $j = 1, \dots, k$ gelte $(a_{(p+1)j}, a_{(p+2)j}, \dots) = a_j$, dann existiere unter Verwendung des Lemmas eine Zahl m, sodass $(a_{(p+1)j}, \dots, a_{(p+m)j}) = a_j$ für alle j. Deshalb existieren für ausreichend große N nicht-negative ganze Zahlen $x_1, y_1, z_1, \dots, x_m, y_m, z_m$, sodass $a_{N1} = a_{11}x_1 + a_{(p+1)1}y_1 = \dots = a_{11}x_m + a_{(m+p)1}y_m = a_{(p+1)1}z_1 + \dots + a_{(p+m)1}z_m$, weil a_{N1} groß ist, wenn N groß ist. Daher füllt $A_1 \cup A_{p+j}$ jedes Element von X von $\langle a_{N1}, w_2 a_{12} a_{(p+j)2}, \dots, w_k a_{1k} a_{(p+j)k} \rangle$ für beliebige nicht-negative ganze Zahlen $w_2, \dots, w_k$. Auch $A_{p+1} \cup \ldots \cup A_{p+m}$ füllt jedes Element $X \in \langle a_{N1}, v_2 \left[a_{(p+1)2}, \dots, a_{(p+m)2}\right], \dots, v_k \left[a_{(p+1)k}, \dots, a_{(p+m)k}\right] \rangle$. Wenn N außerdem ausreichend groß ist, dann ist a_{Nj} groß für $j = 2, \dots, k$ und wir können nicht-negative ganze Zahlen $w_{1j}, \ldots, w_{mj}$ und v_j so wählen, dass

$$a_{Nj} = w_{1j}a_{1j}a_{(p+1)j} + \ldots + w_{mj}a_{1j}a_{(p+m)j} + \left[a_{(p+1)j}, \ldots, a_{(p+m)j}\right] v_j. \tag{5}$$

Daher füllt

$$\begin{aligned} &\left\langle a_{N1}, v_2 \left[a_{(p+1)2}, \ldots, a_{(p+m)2}\right], \ldots, v_k \left[a_{(p+1)k}, \ldots, a_{(p+m)k}\right]\right\rangle \cup \\ &\bigcup_{j=1}^{m} \left\langle a_{N1}, w_{j2}a_{12}a_{(p+j)2}, \ldots, w_{jk}a_{1k}a_{(p+j)k}\right\rangle \end{aligned} \tag{6}$$

jedes $X \in A_N$ für alle ausreichend großen N. Es folgt, dass $A_1 \cup A_{p+1} \cup \ldots \cup A_{p+m}$ jedes $X \in A_N$ für ausreichend große N füllt, dass das ein Widerspruch ist. Somit ist der Beweis vollständig und der „Box-Pack-Satz" bewiesen. ■

2.4 Der Beweis zum Conway-Würfel

Andere interessante Zusammensetzspiele sind Rätsel, die zwei verschiedene Formen von Steinen enthalten. Das kleinste Rätsel dieser Art ist als Exponat im Erlebnisland Mathematik zu finden und zu lösen: der Conway-Würfel. Entdeckt wurde dieses Rätsel von zwei niederländischen Architekten, weshalb es, benannt nach seinen Entdeckern, auch Slothuber-Graatsma-Rätsel genannt wird. Dieses elegante Rätsel erfordert es, dass wir drei $1 \times 1 \times 1$ Steine und sechs $1 \times 2 \times 2$ Steine in eine $3 \times 3 \times 3$ Box hineinpacken. Es gibt nur genau einen Weg, die Steine in die Box zu packen. Die Lage der drei kleinen Würfel wird anhand von Abbildung 3 deutlich.

Um zu beweisen, dass die drei kleinen Würfel auf der Raumdiagonalen der Box liegen müssen, benutzen wir wieder ein wie in Abschnitt 2.1 erzeugtes Farbschema. Wir färben die Zellen in der Box wie in Abbildung 4 grün, gelb, blau und rot. Damit ergibt sich, dass die Anzahl der grünen Zellen in der Box neun beträgt, während die anderen drei Farben jeweils sechs Mal vorkommen. Da jeder $1 \times 2 \times 2$ Stein jede der vier Farben genau einmal enthalten muss, bleiben drei grüne Zellen unbefüllt.

Abbildung 3: Die $1 \times 1 \times 1$ Würfel auf der Raumdiagonalen

Die $1 \times 2 \times 2$ Steine füllen entweder vier Zellen in einer Ebene oder zweimal zwei Zellen in zwei Ebenen aus. Da die Summe aus geraden Zahlen gerade ist, kann durch $1 \times 2 \times 2$ Steine keine ungerade Anzahl von Zellen ausgefüllt werden. Folglich muss jede Ebene genau einen $1 \times 1 \times 1$ Würfel enthalten. Da diese Bedingung für die horizontalen und vertikalen Ebenen des Würfels eingehalten werden muss, können die $1 \times 1 \times 1$ Würfel ausschließlich auf der Raumdiagonalen liegen. Somit ist bewiesen, dass es nur eine Möglichkeit gibt, den Conway-Würfel zu lösen.

Abbildung 4: Farbschema für den Conway- Würfel

3 Die Exponate

3.1 Der Satz von Klarner

Das Exponat „Der Satz von Klarner“ befindet sich seit der Eröffnung des Erlebnislands Mathematik im September 2008 in der Ausstellung. Das Problem, das in diesem Exponat im zweidimensionalen Fall vorliegt, entstand zuerst im Dreidimensionalen, als Nicolaas G. de Bruijns Sohn im Alter von sieben Jahren eine $6 \times 6 \times 6$ Box nicht mit $1 \times 2 \times 4$ Steinen füllen konnte. Bei dem Exponat handelt es sich um ein 10×10 Kästchen-Feld aus halbdurchsichtiger Plastik mit Holzrahmen. Die Problemstellung dieses Austellungsstücks ist, das Feld mit 25 1×4 Streifen aus Holz auszulegen. Dass dies nicht möglich ist, wurde im Kapitel 2 gezeigt.
Die Grundüberlegung des Besuchers beim Betrachten des Exponats liegt darin, dass ein 10×10 Feld mit 100 Kästchen durch 25 Steine, die jeweils 4 in einer Reihe nebeneinander liegende Kästchen ausfüllen, bedeckt werden kann. Der Besucher füllt das Feld mit den Holzstreifen aus und stellt fest, dass ein 2×2 Quadrat auf dem Feld nicht bedeckt wird und ein Streifen übrig bleibt, wie in Abbildung 6 zu sehen ist. Durch Umpositionieren der Steine versucht er, eine 1×4 große Lücke zu erhalten. Dies gelingt ihm nicht. Der Besucher kann sich eine Hilfestellung geben lassen, indem durch

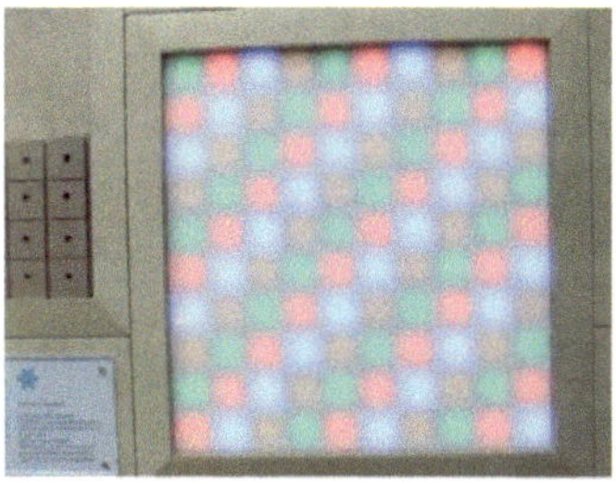

Abbildung 5: Das Exponat mit sichtbarem Farbschema

Abbildung 6: Das Exponat, wenn die Streifen ausgelegt sind

Drücken eines Knopfes unter jedem Kästchen ein entsprechend farbiges Lämpchen aufleuchtet, was Abbildung 5 zeigt. Der Aufbau des Farbschemas wird im Abschnitt 2.1 beschrieben. Der Besucher erkennt, dass es nicht möglich ist, das Feld zu füllen, da die Seitenlänge von 10 nicht durch 4 teilbar ist. Durch die Hilfestellung sieht der Besucher, dass im 2×2 Quadrat, das übrig bleibt, nicht alle vier Farben vorkommen, sondern nur drei und eine davon doppelt.

3.2 Der Conway-Würfel

Der Conway-Würfel ist das kleinste Rätsel von Zusammensetzspielen mit zwei verschiedenen Formen von Steinen. Er besteht aus drei $1 \times 1 \times 1$ Würfeln und sechs $1 \times 2 \times 2$ Quadern, die in eine $3 \times 3 \times 3$ Box gepackt werden sollen. Dieses Rätsel befindet sich als Exponat erst seit kurzem im Erlebnisland Mathematik. Die Problemstellung an die Besucher ist, die Steine so zusammen zu setzen, dass ein Würfel entsteht. Die kleinen Würfel sind rot und die Quader blau eingefärbt. Das Exponat befindet sich an sogenannten Knobeltischen, an denen die Besucher selbstständig verschiedene Zusammensetzspiele und -rätsel lösen können, wie z. B. das Tangram, der Soma-Würfel, das verflixte T, das Quadreieck, das Quadrakreuz, die Kugelpyramide oder die Waben.
Wie im mathematischen Beweis durch Einfärben in Abschnitt 2.4 gezeigt, gibt es nur eine Möglichkeit, diesen Würfel zusammenzusetzen: die kleinen Würfel müssen, wie die Abbildungen 7 und 8 zeigen, auf der Raumdiagonalen liegen. Der Besucher findet die

Abbildung 7: Die kleinen $1 \times 1 \times 1$ Würfel auf der Raumdiagonalen

Abbildung 8: Das zusammengebaute Exponat im Erlebnisland

Würfel und Quader einzeln vor und über das Hinweisschild bekommt er die Aufgabe, aus den Einzelteilen einen Würfel zusammen zu setzen. Außerdem gibt es einen Tipp in Form einer Frage, die lautet: Wo liegen die kleinen Würfel? Der Besucher beginnt durch Probieren, den Würfel zu bauen. Eine erste zielführende Überlegung liegt in der Ermittlung der Kantenlänge des Würfels. Erste Versuche führen zu Lücken und überstehenden Steinen. Über den Tipp weiß der Besucher, dass die Position der roten Würfel entscheidend für die Lösung ist. In weiteren Versuchen gelangt er zu der Erkenntnis, dass die Würfel weder nebeneinander noch in einer Ebene liegen dürfen. Als Schlussfolgerung bleibt somit nur noch, dass die Würfel auf der Raumdiagonalen zu positionieren sind.

3.3 Weitere mögliche Exponate

Der Lösungsweg, wie er im Abschnitt 2.4 für den Conway-Würfel beschrieben wurde, kann auch verallgemeinert werden, sodass man zeigen kann, dass nur ein Weg existiert, um drei $1 \times 1 \times (2n-1)$ Steine in eine würfelförmige Box mit der Seitenlänge $(2n+1)$ zu füllen, sodass die übrig bleibenden $8n^3+12n^2+4$ Zellen mit $2n^3+3n^2+1$ $1 \times 2 \times 2$ Steinen befüllt werden. [4]
Dem Schema entsprechend würde sich ein weiteres Exponat für das Erlebnisland Mathematik anbieten: Eine erweiterte Form des Conway-Würfels mit der Größe $5 \times 5 \times 5$, der mit drei $1 \times 1 \times 3$ Steinen und 29 $1 \times 2 \times 2$ Steinen gefüllt werden muss. Ähnlich dem kleineren Conway-Würfel stellt sich die Frage, wo die $1 \times 1 \times 3$ Quader liegen. Die Lösung zeigt die Abbildung 9. Zur Ausstellung des Exponats bietet sich im Zuge der Vergrößerung der Ausstellungsfläche eine Erweiterung der in Abschnitt 3.2 angesprochenen Knobeltische an.
David Klarner hat sich mit vielen weiteren mathematischen Beweisen zu Packproblemen beschäftigt. Er schrieb beispielsweise „Ein Rechteck mit kongruenten Polyominos füllen". [5] Polyominos oder n-Minos sind Figuren, die aus $n \geq 1$ kongruenten Quadraten bestehen, für die gilt:

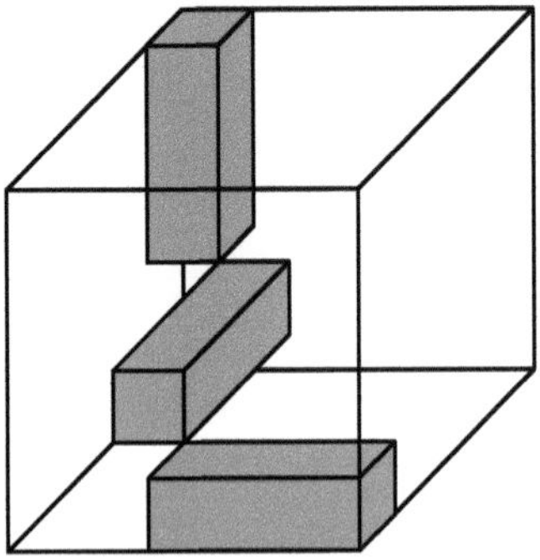

Abbildung 9: Die Lage der $1 \times 1 \times 3$ Steine im $5 \times 5 \times 5$-Würfel

1. je zwei Quadrate haben entweder keinen Punkt oder eine Ecke oder eine Kante gemeinsam

2. P bildet eine einfach zusammenhängende Punktmenge

3. zu je zwei verschiedenen Quadraten Q_1 und Q^* aus P gibt es eine Folge $Q_1, Q_2, \ldots, Q_{k-1}, Q^*$ von benachbarten Quadraten aus P

Dabei heißen zwei Quadrate benachbart, wenn die Menge ihrer gemeinsamen Punkte eine Seite ist. Jedem Polyomino lässt sich ein Zusammenhangsgraph zuordnen, in dem jedes Quadrat aus P als Knoten und das Benachbartsein zweier Quadrate durch eine Kante wiedergegeben wird.
In Deutschland ist die kleinste Form der Polyominos wohl bekannt und als Spiel weit verbreitet: das Domino. Auch das Computerspiel Tetris besteht aus Formen von Polyominos, nämlich den Tetrominos. Eine weitere Art der Polyominos sind die sogenannten Pentominos, die aus fünf kongruenten Quadraten bestehen. Zwölf verschiedene Figuren lassen sich als Anordnung aus den fünf Quadraten bilden. Wegen ihrer mehr oder weniger großen Ähnlichkeit mit Buchstaben hat man die Pentominos nach ihnen benannt.

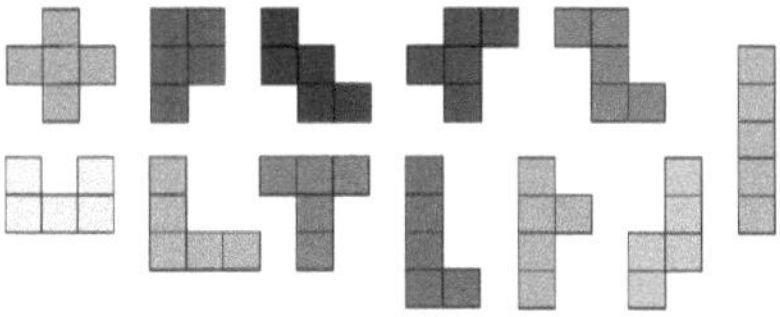

Abbildung 10: Die zwölf Pentominos

Pentomino ist ein Spiel, das meist für eine Person konzipiert ist. Ziel der meisten Pentominospiele, ist, alle zwölf Spielsteine zu verbauen. Ein Grundproblem besteht beispielsweise darin, aus den Pentominos ein Rechteck zu legen. Es sind vier verschiedene Größen von Rechtecken möglich: ein 10×6-Rechteck, das aus 2339 verschiedenen Möglichkeiten gelegt werden kann, ein 12×5-Rechteck, das auf 1010 verschiedene Weisen zusammengelegt werden kann, ein 15×4-Rechteck, für das 368 Lösungsmöglichkeiten gefunden werden können und zuletzt das 20×3-Rechteck, das schließlich auf zwei verschiedenen Wege zusammengelegt werden kann. Aus diesem Grund eignet sich ein Pentomino als Exponat für das Erlebnisland und es kann ebenso wie die größere Form des Conway-Würfels an weiteren Knobeltischen ausgestellt werden.

Wenn die Pentominofiguren aus Würfeln hergestellt werden, sind sie nicht zweidimensional, sondern bilden sogenannte Pentawürfel. Damit ergeben sich neben den Flächenproblemen neue Möglichkeiten für Raumpuzzles. Im Raum ist beispielsweise, ähnlich wie im zweidimensionalen Fall, ein Grundproblem, aus den Pentawürfeln einen Quader zu bauen. Drei verschiedene Größen von Quadern sind möglich: einen $5 \times 4 \times 3$ Quader, für den 3940 Lösungen gibt, einen $5 \times 6 \times 2$, den man auf 264 verschiedene Weisen zusammenbauen kann und einen $10 \times 3 \times 2$ Quader, für dessen Zusammenbau es 12 verschiedene Varianten gibt. Es sind noch verschiedene andere Körper möglich, wie beispielsweise ein Turm, der ein Loch in der Mitte hat oder Buchstaben, wie ein T oder P. Pentawürfel sind deshalb als Ausstellungsstück für das Erlebnisland möglich.

4 Bildungswert und Bezug zum Lehrplan

4.1 Bildungswert

Wie in den Bildungsstandards der Kultusministerkonferenz von 2004 festgeschrieben, ist eine Kernaufgabe des Mathematikunterrichts, die Entwicklung der Wahrnehmungsfähigkeit und des räumlichen Vorstellungsvermögens zu fördern, sowie die Entwicklung des Gedächtnisses und Denkens. Dazu eignen sich unter anderem Knobel- und Geduldspiele, wozu Zusammensetzspiele und Packprobleme gehören. Gerade das Grundschulalter gilt als sensible Phase zur Entwicklung des räumlichen Vorstellungsvermögens. Dabei werden die Kinder auf spielerische Art vor Probleme gestellt, für deren Lösung sie eigene Strategien finden müssen. Da das Problemlösen nicht nur höchstes Lernziel, sondern auch Bildungs- und Erziehungsziel ist, tragen Geduldspiele dazu bei, diese zu erreichen. Zu den Strategien gehört das systematische Probieren, was bei Geduldspielen sehr häufig, gerade bei jüngeren Schülern, zum Einsatz kommt. Andere Herangehensweisen sind, bei Legespielen beispielsweise das Finden eines „festen“ Platzes bestimmter Teile oder die Nutzung schon gewonnener Erfahrung. Geduldspiele sind aber nicht nur darauf angelegt, durch Probieren zur Lösung zu gelangen, sondern das Objekt oder das Problem des Rätsels zu durchschauen. Das dabei erworbene Wissen wird auf ähnliche Rätsel übertragen. Zudem fördern Spiele dieser Art die Konzentrationsfähigkeit, das Suchen von alternativen Lösungsvorschlägen und die Motorik. Gerade bei Zusammensetzspielen, wie dem Conway-Würfel, werden vorher genannte Fähigkeiten und Fertigkeiten trainiert. Zur Entwicklung des räumlichen Vorstellungsvermögens gehört, räumliche Beziehungen zu erkennen, zu beschreiben und zu nutzen. Des Weiteren ist dieses Zusammensetzen ein Herstellen von Modellen ebener Figuren und Körper, wozu nicht nur das Zusammenfügen gehört, sondern auch motorische Fertigkeiten wie das Bauen, Legen, Zerlegen und Ausschneiden. Legen und Zerlegen kann am Exponat „Satz von Klarner“ probiert werden. Außerdem eignet sich dieses Exponat zum Ermitteln vom Flächeninhalt des 10×10 Feldes durch Auslegen, d.h. das Ermitteln eines Flächeninhaltes durch Messen. Zudem bieten Geduldspiele hervorragende Möglichkeiten zur Partnerarbeit oder Arbeit in kleineren Gruppen, bei denen die Schüler gemeinsam entdecken, erforschen und ihre Lösungen beschreiben können, sodass sie außer dem Üben von mathematischen Formulierungen auch die Kommunikation und Kooperation schulen. Wenn ein Lehrer die Suche nach den Beweisen von de Bruijn und Klarner den Kindern als Geschichte erzählt, können schon Grundschüler der dritten oder vierten Klasse mit solchen Geduldspielen konfrontiert werden. Außerdem sind Schüler für diese Art Mathematikunterricht recht leicht zu begeistern, da sie so spielend lernen können. Daher fördern Knobelspiele die Motivation und sorgen für Freude und Abwechslung am Mathematikunterricht, welche ebenfalls als allgemeine fachliche Ziele festgeschrieben sind. Die Schüler lernen, dass Mathematik neben Betrachtungen von Definitionen, Regeln und Verfahren, praktisch erfahren werden kann, Spaß macht und logisch ist. Bei Geduldspielen lernen sie insbesondere, dass der Lösungsweg genauso wichtig ist, wie die Lösung an sich. Beim spielerischen Lernen und Entdecken, werden sie ermutigt, eigene Fehler zu finden, sie zuzulassen, diese zu korrigieren und sogar schätzen zu lernen, wodurch sie nicht zuletzt Vertrauen in eigene Fähigkeiten zum Problemlösen gewinnen. Außerdem dienen Zusammensetzspiele, wie der Conway-Würfel oder die Pentominos, der Förderung des räumlichen Vorstellungsvermögens. Die Schüler müssen gedanklich erfassen, wie die Figur aussehen soll, die sie zusammenbauen oder legen. Auch für erste stochastische Überlegungen können Pentominos eingesetzt werden. Auf Grund der Vielfältigkeit ihrer Legemöglichkeiten gibt es mehrere Lösungen für eine Problemstellung. Des Weiteren trainieren die Schüler motorische Fähigkeiten, wenn sie Zusammensetz- und Legespiele lösen.

Die Zweckmäßigkeit der Behandlung von Geduld- und Knobelspielen im Mathematikunterricht, insbesondere Beispiele aus dem Erlebnisland Mathematik, wie der Satz von Klarner oder der Conway-Würfel, wird deutlich und findet Anklang in den Bildungsstandards.

4.2 Lehrplanbezug

Das Thema der Geduld- und Knobelspiele ist in den sächsischen Lehrplänen der Grundschule, der Mittelschule und des Gymnasiums festgeschrieben. In der Grundschule gibt es in jeder Klassenstufe einen Wahlpflichtbereich den Abschnitt „Mathematik zum Staunen und Spielen", der mit zehn Unterrichtsstunden veranschlagt ist[4].

In den ersten beiden Schuljahren, die im Lehrplan zusammengefasst sind, stehen ausgewählte Spiele mit mathematischem Inhalt, so z. B. Domino- und Würfelspiele, aber auch Karten- und Brettspiele, im Vordergrund. Die Kinder dürfen zusätzlich eigene Spiele mitbringen und sollen dabei vor allem Sozialkompetenz und Kommunikationsfähigkeit, aber auch Spielstrategien kennen lernen und entwickeln, indem sie sich darüber austauschen, warum sie die Spiele gern spielen, wie die Spielregeln lauten und schließlich die Spiele probieren. In den ersten beiden Schuljahren lernen die Kinder im Geometrieunterricht das Quadrat kennen, sodass der Aufbau des Dominos erklärt werden kann. Ebenso eignet sich das Tangram, weil sich die Kinder handelnd mit dem Aufbau der Grundformen des Tangrams beschäftigen. Sie machen mit diesem Legespiel erste Erfahrungen bzgl. Längen, Winkel und Flächeninhalte der im Tangram enthaltenen Flächen. Beim Umgang damit eignen sie sich erste Legestrategien an.

In der dritten Klasse vertiefen die Schüler diese Lösungsstrategien. Sie kennen für Denk-, Scherz- und Legespiele verschiedene Strategien. Verschiedene Lösungswege werden in Gruppen- und Einzelarbeit ausprobiert und angewandt. Dabei formulieren sie selbst Spielanweisungen zu eigenen Spielideen und probieren diese aus. Dadurch lernen sie, wie Spiele funktionieren und was notwendig ist, damit ein anderer das Spiel versteht und Freude an der Durchführung des Spiels hat. Außerdem kann der Lehrer mit den Schülern den Aufbau der Pentominos erarbeiten und mit ihnen gemeinsam feststellen, dass es nur zwölf mögliche Formen gibt. Die Kinder legen Rechtecke mit den sogenannten Fünflingen aus oder bilden selbst einfache Figuren. Sie können auch schon an erste Raumpuzzles herangeführt werden. Mittels einer Geschichte über de Bruijns Sohn, der versucht hat, eine Box mit Steinen zu füllen und es ihm nicht ge-

[4]vgl. Sächsischer Lehrplan Grundschule Mathematik: Klassenstufe 1/ 2 S. 13, Klassenstufe 3 S. 22, Klassenstufe 4 S. 29

lang, erfolgt bei den Kindern eine Identifikation mit dem Problem und eine Steigerung des Interesses für das Thema. Es bietet sich an, zu verdeutlichen, aus welch einfachen Situationen Mathematiker Probleme ableiten. Auf diese Weise können den Schülern erste Packprobleme zugänglich gemacht werden.
In der vierten Klasse schließlich kennen die Schüler vielfältige Denksport- und Knobelaufgaben. Dabei können sie mit Hilfe des Internets Aufgaben suchen und dort lösen. Beispielhafte Seiten finden Sie mit einer Kurzbeschreibung im Anhang A.1. Die Kinder sammeln Spiele, erklären diese und die dazugehörigen Spielregeln und halten sie ein, wodurch sich die Schüler im mathematischen Formulieren im spielerischen Sinn üben. Sie forschen in der Vergangenheit und kennen Rechenspiele aus vergangenen Zeiten. An dieser Stelle können sie explizit danach suchen, ob Knobelspiele schon in der Vergangenheit eine Rolle spielten. Sie legen selbstständig eine Spielesammlung an, untersuchen und verstehen die Spiele entdecken, sie wieder, spielen sie nach, wandeln sie auf verschiedene Weisen ab, ordnen sie nach Inhalten und führen am Ende dieses Lernbereichs einen Spieleworkshop durch, bei dem die Kinder sich gegenseitig die Spiele vorstellen, erklären und dabei ihre Sozialkompetenz verbessern. Dieser Spieleworkshop lässt den Schülern viele Freiheiten. Sie können beispielsweise Tiere aus Pentominos legen und den Mitschülern als Aufgaben stellen. Das Magische Ei (siehe 5.3.2) als Legespiel ähnlich dem Tangram, kann zum Legen ebenso im Unterricht eingesetzt werden, da die Schüler mittlerweile den Kreis und bestimmte Linien im Kreis kennen gelernt haben.

Im Lehrplan der Mittelschule gibt es in der sechsten Klasse einen Wahlpflichtbereich „Mathematische Spiele", der, ähnlich wie in der Grundschule, zehn Unterrichtsstunden umfasst. Das Ziel des Lernbereichs ist das Kennenlernen komplexer Spiele. Diese Spiele sollen die Fähigkeit, Probleme zu lösen, erweitern und die Weiterentwicklung des räumlichen Vorstellungs- und Anschauungsvermögens, sowie des stochastischen Denkens unterstützen. Dazu werden ebene und räumliche Puzzlespiele genutzt, wie Legespiele und Schiebepuzzle. Dazu gehören unter anderem das Tangram und der Soma-Würfel. Der SOMA-Würfel wird im Abschnitt 5.1 genauer beschrieben. Das Tangram sollte vor allem dazu eingesetzt werden, weitere geometrische Figuren, außer dem Quadrat, zu legen und daran Eigenschaften, möglicherweise auch Berechnungen, z. B. im Dreieck, die in der sechsten Klasse erarbeitet wurden, zu wiederholen. In diesem Lernbereich können auch das sogenannte Baumeisterspiel eingesetzt werden, da es eine Vielzahl von Möglichkeiten von verschiedenen Baumöglichkeiten bietet, welche die Schüler individuell nachbauen können.

Des Weiteren werden im Lernbereich „Mathematische Spiele" noch Strategiespiele wie der „Turm von Hanoi" und „Master Mind" behandelt, sowie Zufalls- und Würfelspiele. Hierbei können Grundlagen für die Kombinatorik gelegt werden, wenn ein Schülern die verschiedenen Möglichkeiten des Zusammenbaus für den SOMA-Würfel klar werden, wobei es sich bei diesem Spiel aber nicht um ein Zufallsspiel handelt. Die Schüler gestalten in dieser Stoffeinheit selbst ein Spiel in Partner- oder Gruppenarbeit zur Förderung der Sozialkompetenz und Kommunikationsfähigkeit.[5] Die Schüler könnten die Aufgabe erhalten, sich auf Knobelspiele zu spezialisieren und ein solches Rätsel selbst zu entwerfen.

Im Lehrplan des Gymnasiums gibt es Wahlpflichtbereiche zum Thema Spiele. So findet man in der fünften Klasse den Bereich „Mathematische Puzzles und Spiele", der dem Lernbereich „Mathematische Spiele" im Lehrplan der Mittelschule sehr ähnlich ist. Behandelt werden können das Tangram, der SOMA-Würfel und Tetris als Beispiele für ebene und räumliche Puzzles. Ähnliche Möglichkeiten, wie oben für die Mittelschule beschrieben, bieten sich auch hier an. Das Ziel ist die Erweiterung von Problemlösefähigkeiten, des räumliches Verständnisses und das Ermöglichen des Erlebens von Zufallsversuchen. Es sollen weiterführend Einblicke in die Bedeutung von Spielen in der Entwicklung der Menschheit gewonnen werden. Strategien sollen erkannt und durchschaut, Spielregeln beschrieben und dabei die Kommunikationsfähigkeit weiter ausgebaut werden[6].

In der sechsten Klasse ist das Thema der Spiele in den Wahlpflichtbereich „Unterhaltsame Geometrie" integriert, dessen Behandlung etwa acht Unterrichtsstunden umfassen soll. Zu diesem Lernbereich gehören nicht nur Legespiele, wie das Pentomino, sondern

[5]vgl. Sächsischer Lehrplan Mittelschule Mathematik: Klassenstufe 6 S. 16
[6]vgl. Sächsischer Lehrplan Gymnasium Mathematik: Klassenstufe 5 S. 12

auch andere Würfel und farbige Flächen[7]. Die Anspruch an die Arbeit mit Pentominos sollte in der sechsten Klasse schon recht groß sein, da die Schüler diese Fünflinge aus früheren Schuljahren kennen. Deshalb legen die Schüler nicht nur einfache Rechtecke, sondern bauen Figuren mit integrierten Lücken. Ziel könnte sein, die Fläche mit der größtmöglichen Anzahl von Lücken zu finden.
Die Exponate „Der Satz von Klarner“ und der „Conway-Würfel“ lassen sich im Mathematikunterricht einbeziehen, sowohl in der Grundschule in der dritten und vierten, in der Mittelschule für die sechste Klasse, als auch für das Gymnasium in der fünften und sechsten Klasse. Dabei stehen die Spiele immer in Verbindung mit Geometrie und dem Erleben von Mathematik. So können auch weitere und mögliche neue Exponate, wie Tangram und Pentomino, in den Unterricht mit einbezogen werden.

Aber nicht nur für den Unterricht sind Geduld- und Knobelspiele von Bedeutung, sondern sie geht weit darüber hinaus. Zahlreiche Einstellungstests enthalten Aufgaben, die logisches Denken erfordern. Dabei sollen imaginär Körper aus Netzen zusammengebaut werden und dem richtigen Körper zugeordnet werden. In anderen Aufgaben soll die Position eines Würfels nach mehrmaligem Kippen auf seine verschiedenen Flächen bestimmt werden. Darüber hinaus begegnen uns im Alltag in der Zeitung immer wieder Knobelrätsel. Es gibt sogar einen Fernsehsender, der darauf spezialisiert ist, täglich nahezu rund um die Uhr Knobelspiele und verschiedene Rätsel auszustrahlen.

[7]vgl. Sächsischer Lehrplan Gymnasium Mathematik: Klassenstufe 6 S. 15

5 Handlungsvorschläge

Nachdem im vorangehenden Kapitel der Bildungswert von Geduld- und Knobelspielen behandelt wurde, sollen in diesem Kapitel konkrete Anregungen für den Mathematikunterricht beschrieben werden. Dabei stehen die Klassenstufen 2 bis 6 im Mittelpunkt der Handlungsvorschläge.

5.1 Bau eines Conway-Würfels als fächerverbindendes Projekt

Schon ab der ersten Klasse arbeiten die Kinder mit in Abbildung 11 gezeigten Steckwürfeln. Während sie diese zum Zählen nutzen, finden sie in der zweiten Klasse zur Übung des kleinen Einmaleins und sogar zur Schulung des räumlichen Vorstellungsvermögens Anwendung.

Abbildung 11: Steckwürfel

Folgendes fächerverbindendes Projekt eignet sich für den Einsatz in der vierten oder fünften Klasse. Ziel ist, den Conway-Würfel selbst nachzubauen. Zuerst soll das Arbeitsmittel gemeinsam mit den Kindern erarbeitet werden. Im Anschluss daran wird dargestellt, welche Möglichkeiten sich im Rahmen eines sinnvollen fächerverbindenden Unterrichts mit Werken ergeben.

Würfelanordnungen haben den Einheitswürfel als Grundbaustein, der mit zwei, drei oder vier Würfeln zu sogenannten Zwillingen, Drillingen oder Vierlingen zusammengefügt wird. Es gibt zwei unterschiedliche Drillinge und acht verschiedene Vierlinge. Zur Hinführung der Kinder zum Conway-Würfel brauchen die Schüler ausreichend Zeit für Experimente mit den Einheitswürfeln. Sie probieren, Drillinge und Vierlinge zu bauen und experimentieren, um herauszufinden, wie viele verschiedene Möglichkeiten es gibt, die vier Würfel zusammenzustecken. Dazu erhalten die Kinder etwa 40 Steckwürfel. Die Ergebnisse werden anschließend gesammelt und besprochen. Zur besseren Verständigung über die gefundenen Teile können die Kinder ihnen fantasievolle Namen geben. Als nächstes bauen die Schüler größere Würfel, beispielsweise aus acht kleinen Steckwürfeln einen $2 \times 2 \times 2$ Würfel. Anschließend wird die Größe des Würfels, der entstehen soll auf $3 \times 3 \times 3$ erweitert, wofür jedes Kind 27 Steckwürfel benötigt. Zur Berechnung von Flächen kann hier auch das kleine Einmaleins wiederholt und geübt werden. Aus den Vierlingen wählen die Schüler schließlich das $1 \times 2 \times 2$ Bauteil aus. Der Lehrer erklärt den Kindern, dass der $3 \times 3 \times 3$ Würfel noch auf eine andere Weise gebaut werden soll. Dazu ist es sinnvoll, noch einen Würfel als Anschauungsobjekt vor der Klasse stehen zu lassen. Jedes Kind baut sechs der $1 \times 2 \times 2$ Bauteile, möglichst so, dass die Noppen nicht überstehen, wie Abbildung 12 zeigt, und nimmt dazu noch drei einzelne Steckwürfel.

Abbildung 12: Steckwürfel zu einem $1 \times 2 \times 2$ Bauteil zusammenstecken

Im Anschluss daran bekommen die Kinder die Aufgabe, auszuprobieren, wie sie die unterste Schicht des Würfels bauen können. Als Hilfe steht die Frage, wie viele Würfel für eine Schicht gebraucht werden und wie die Anzahl von neun Würfeln pro Ebene mit den Bauteilen gesetzt werden kann. Die unterste Schicht wird nun gemeinsam mit allen Schülern zusammengebaut. An dieser Stelle kann differenziert gearbeitet werden: die leistungstärkeren Schüler schaffen es sicher, den Würfel allein fertig zu stellen. Die anderen Schüler sollen zuerst selbstständig versuchen, den Würfel zusammen zu bauen, während der Lehrer herum geht und individuelle Hilfestellungen gibt. Wenn die ersten Schüler ihren Würfel fertig gebaut haben, helfen sie ihren Mitschülern beim Zusammensetzen. Allerdings werden die Schüler feststellen, dass sich die Steckwürfel nicht so gut zum Bauen eignen, da die Noppen stören, die Farbgebung nicht einheitlich ist und das „Bauwerk“ sehr leicht auseinander fällt. Den Würfel aus einem anderen Material herzustellen, erscheint deshalb naheliegend. Dazu können die Kinder überlegen, aus welchem Material die Steine des Conway-Würfels sein können. Eine Idee wird mit Sicherheit die Antwort Holz sein. Wenn man die Teile dieses Würfels nachbauen möchte, sollten die Schüler vorher einen Bauplan erstellen. Dazu schreiben sie genau auf, dass sie drei kleine Würfel mit den Maßen $1 \times 1 \times 1$ und sechs Quader mit $1 \times 2 \times 2$ benötigen und überlegen, welche Seitenlänge sinnvoll wäre. Der zusammengesetzte Würfel sollte eine Seitenlänge von 6 cm bis 12 cm haben. Hergestellt werden die Teile im Werkenunterricht der vierten Klasse im Lernbereich „Vergleichen von Werkstoffen und Herstellen eines Produkts“, oder im Lernbereich „Fertigen technischer Objekte“ der fünften Klasse. Das Ziel ist, dass die Schüler eine Skizze und eine Stückliste erstellen und am Ende ein Produkt herstellen. Die Bausteine werden mit Hilfe einer Sägevorrichtung angefertigt. Die Anforderungen an die Genauigkeit beim Arbeiten sind hoch, da die Teile passgenau und universell einsetzbar sein müssen, d. h. jedes Teil sollte an jeder beliebigen Stelle platziert werden können. Um diese Genauigkeit zu erreichen und den Würfel präzise zu fertigen, brauchen die Kinder ausreichend Zeit zur Erkundung der Werkzeuge. Dazu gehören die verschiedenen Sägen, z. B. Laubsäge oder Feinsäge, die Entwicklung und Nutzung von Vorrichtungen, wie die Sägelade und Hilfsanschlag für die Säge und die Einübung der Handhabung. Die Kinder sägen die Teile möglichst genau aus und malen sie mit Wohnraumlack in zwei verschiedenen Farben an. Damit haben sie ihren eigenen Conway-Würfel hergestellt.

Zur Steigerung des Anspruches und Niveaus für den Werkenunterricht in der fünften Klasse könnte als fächerverbindendes Produkt statt des Conway-Würfels der SOMA-Würfel hergestellt werden. Der SOMA-Würfel besteht nur aus dem unregelmäßigen

Drilling und unregelmäßigen Vierlingen, gezeigt in den Abbildungen 13 und 14. Der

Abbildung 13: SOMA-Würfel Teil 1

Abbildung 14: SOMA-Würfel Teil 2

Bauplan, der für diesen Würfel erstellt werden muss, ist umfangreicher als der für den Conway-Würfel, da es sieben verschiedene Teile gibt, die ausgemessen werden müssen und die am Ende universell einsetzbar sein sollen. Dazu ist es hilfreich, eine Tabelle mit Skizzen der Teile als Materialliste zu erstellen. Im Werkenunterricht erfordert das Bauen eines SOMA-Würfels mehr Präzision und Genauigkeit als der Conway-Würfel, da die Anforderungen an die Genauigkeit beim Arbeiten hier noch höher sind, um wirklich die Teile beliebig einzusetzen. Nach dem Sägen setzen die Schüler die Teile, wie im Bauplan notiert, zusammen und achten dabei darauf, dass die Kanten beim Verleimen exakt abschließen und die Teile später gut ineinander passen. Zum Bemalen werden für dieses Produkt bestenfalls sieben verschiedene Farben benötigt. Wenn die Teile fertig sind, können die Schüler nicht nur den SOMA-Würfel selbst bauen, sondern eigene Figuren erfinden und diese dokumentieren, d.h. fotografieren oder freihand skizzieren. Sie können zudem andere Figuren nachbauen, für die sie nicht alle Teile benötigen, aber herausfinden müssen, welche sie brauchen. Die Einsatzmöglichkeiten des SOMA-Würfels sind demnach vielfältig.

Es gibt ein weiteres Spiel, mit dem sogenannte Packprobleme mit Würfeln gelöst werden: das Baumeisterspiel von der Firma LOGIKA (siehe Abbildung 15). Dieses Spiel besteht aus den sieben Bauteilen des SOMA-Würfels und dem zweiten möglichen Drilling. Die Möglichkeiten, mit diesem Packspiel Figuren in Einzel- oder Partnerarbeit nachzubauen und selbst zu erschaffen, sind noch vielfältiger als die mit dem SOMA-Würfel. Dabei wird das räumliche Vorstellungsvermögen der Kinder gefordert, wie bei kaum einem weiteren Packspiel.

Abbildung 15: Baumeisterspiel der Firma LOGIKA

5.2 Einsatzmöglickeiten von Pentominos

Da es für das Exponat „Satz von Klarner“ zu wenige Einsatzmöglichkeiten im Unterricht gibt und das Problem höchstens erklärt, kurz gezeigt und begründet wird, dass 4 nicht 10 teilt, möchte ich in diesem Kapitel auf andere Spiele, mit denen das Auslegen von Flächen geübt werden kann, eingehen. Dazu eignen sich Pentominos sehr gut. Ihr Aufbau wurde im dritten Kapitel ausführlich beschrieben, dass sie im Lehrplan vorgeschlagen werden und damit im Mathematikunterricht zum Einsatz kommen, wurde im vierten Kapitel dargestellt. Dieser Abschnitt beschäftigt sich nun damit, wie die Fünflinge im Unterricht eingesetzt werden können.
Pentominos bieten sich deshalb so gut für ihren Einsatz im Unterricht an, da ihre Anzahl von zwölf möglichen Figuren überschaubar ist. Eine Kopiervorlage bietet der Anhang A.3. Eine grundlegende Aufgabe für Schüler kann sein, die Formen der Pentominos selbständig zu finden. Dazu zeigt der Lehrer den Schülern zuerst, dass ein einzelnes Quadrat ein Einling ist, zwei Quadrate einen Zwilling bilden und dass es zwei verschiedene Typen von Drillingen gibt. Als nächstes können die Kinder selbstständig die Vierlinge finden, bei denen es insgesamt fünf verschiedene Formen gibt. Daraufhin sollen die Schüler selbst die Fünflinge finden, indem sie diese mit einzelnen, größeren Quadraten, die der Lehrer als Lehrmittel den Schülern zur Verfügung stellt, legen oder mit Bleistift und Lineal zeichnen. Als Tipp kann ihnen gegeben werden, dass es insge-

samt zwölf Pentominos gibt. Bei der Bearbeitung, die längere Zeit in Anspruch nimmt, steht der Lehrer den Schülern anregend für Hilfestellungen zur Verfügung. Er muss ihnen klar machen, dass z. B. folgende Fünflinge zur gleichen Sorte gehören, weil sie sich durch Drehung oder Spiegelung aufeinander legen lassen, d.h. sie sind deckungsgleich.

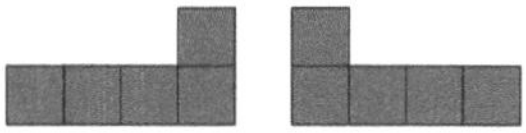

Abbildung 16: Zwei gleiche Pentominos

Gewöhnlich werden einige Schüler darauf von selbst aufmerksam. Zur Kontrolle gibt der Lehrer ein Arbeitsblatt aus, auf dem alle Pentominos abgebildet sind, damit die Schüler diese charakterisieren können. Da die Fünflinge einigen Buchstaben ähnlich sehen, werden die Schüler sie sicher auch damit assoziieren. Sollte dies nicht der Fall sein, kann der Lehrer Hilfestellungen geben, indem er besonders ausgeprägte Pentominos in die richtige Lage bringt, wie z. B. das T, I, Z oder L (siehe Abbildung 10).
Um das Anschauungs- und Vorstellungsvermögen der Schüler zu schulen, bekommen sie ein Arbeitsblatt, auf dem in der oberen Reihe die fünf möglichen Tetrominos aufgezeichnet sind und in der unteren die Reihe die zwölf möglichen Pentominos. Die Aufgabe für die Schüler lautet: Zeichne von einem Vierling immer dann einen Pfeil, wenn der Vierling zu einem Fünfling weitergebaut werden kann. Wenn du fertig bist, sieh nach, von welchen Vierling die meisten Pfeile ausgehen und von welchem die wenigsten. Was fällt dir auf? Ein Musteraufgabenblatt liegt im Anhang A.2 vor.
Zur Übung der Bestimmung von Umfängen verschiedener geometrischer Formen geben die Schüler die verschiedenen Umfänge der Tetrominos und Pentominos an. Dazu können sie sowohl die außen liegenden Kästchenseiten zählen, als auch mit dem Lineal nachmessen. Außerdem können die Kinder sehr einfach den Flächeninhalt mit Hilfe des Auszählens der Kästchen bestimmen. Daran werden sie erkennen, dass flächinhaltsgleich nicht gleichbedeutend mit umfangsgleich ist. Tatsächlich haben elf von zwölf Pentominos den Umfang von zwölf Kästchenseiten und nur ein Pentomino hat einen Umfang von zehn Kästchenseiten.

Natürlich eignen sich die Pentominos hervorragend für Legespiele. Sie können ganz einfach selbst hergestellt werden, indem Zeichenkarton mit den Formen der Pentominos bedruckt wird oder die auf normalem Papier ausgedruckten Pentominos auf eine Pappe geklebt werden. Die Formen werden dann ausgeschnitten, bei Bedarf verschiedenfarbig angemalt und laminiert oder mit durchsichtiger, selbstklebender Folie überzogen. Verschiedene Legeaufgaben mit dem Ziel, die geometrische Kombinationsfähigkeit zu schulen und zu fördern, könnten sein:

- Lege ein 6×10 Rechteck vollständig mit den Pentominos aus.
- Lege ein 5×12 Rechteck vollständig mit den Pentominos aus.
- Lege ein 4×15 Rechteck vollständig mit den Pentominos aus.
- Lege folgende Figur vollständig mit Pentominos aus:

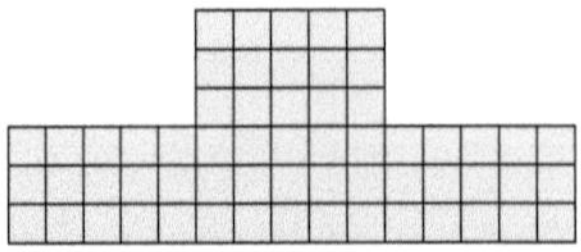

Abbildung 17: Beispiel für Legeaufgabe

Eine weitere Legeübung ist, die Buchstaben mit doppelter oder dreifacher Seitenlänge nachzubauen. Dazu werden nicht alle zwölf Pentominos benötigt. Die Kinder können herausfinden, ob jedes Pentomino auf diese Art vergrößerbar ist. Die ansprechenste Aufgabe für die Kinder wird das selbstständige Legen eigener Figuren sein, bei denen nicht alle zwölf Pentominos eingesetzt werden müssen. Die Formen sind so vielfältig, dass Herzen, Kreuze, Buchstaben, Ziffern, Häuser, Türme, Brücken, Schiffe, aber auch Tiere, wie z. B. Vögel und Fische, und sogar, wie die Abbildung 18 zeigt, Dinosaurier und Elefanten entstehen können. Der Fantasie der Kinder sind keine Grenzen gesetzt. Die fertigen Tiere können auf kariertes Papier übertragen, ausgemalt und im Klassenzimmer aufgehängt bzw. ausgestellt werden. Für jüngere Schüler können Pentominos zu einfachen Übungen des Wiedererkennens geometrischer Formen genutzt werden. In einer Figur, in der Pentominos vorkommen, sollen die Kinder die umliegenden Pentominos wiederfinden und farbig ausmalen. Ein beispielhaftes Arbeitsblatt zeigt Anhang A.4. Legeaufgaben mit erhöhtem Schwierigkeitsgrad für Schüler der fünften oder sechs-

Abbildung 18: Dinosaurier und Elefant aus Pentominos

ten Klasse sind im Anhang A.5 zu finden.

Sogar Übungen zu symmetrischen Figuren können mit Pentominos durchgeführt werden. Die Kinder sollen herausfinden, welche Pentominos spiegelsymmetrisch sind und darin die Spiegelachsen einzeichnen. Des Weiteren legen sie aus zwei, drei oder vier Pentominos, möglichst symmetrische Figuren, zeichnen diese auf kariertes Papier und untersuchen Symmetrieeigenschaften. Sie können zudem nur die einzelnen Pentominos an einer Spiegelachse spiegeln. Um den Schwierigkeitsgrad zu erhöhen, legen die Schüler aus zwei Fünflingen Figuren und finden dazu mit zwei weiteren Pentominos symmetrische Figuren. Diese Aufgabe ist auch mit bis zu sechs Pentominos möglich. An dieser Stelle können die Begriffe Symmetrie, Spiegelachse und deckungsgleich angewendet und vertieft werden. Zwei deckungsgleiche Figuren lassen sich auch zu verschiedenen spiegelsymmetrischen Figuren zusammen fügen.

5.3 Weitere Legespiele

5.3.1 Tangram

Es gilt als das älteste überlieferte Geduldspiel, da es zwischen 2400 und 2700 Jahren alt ist und stammt aus China: das Tangram. Es besteht aus sieben Steinen, wie Abbildung 19 zeigt: fünf Dreiecken, einem Quadrat und einem Parallelogramm. Die Steine selbst

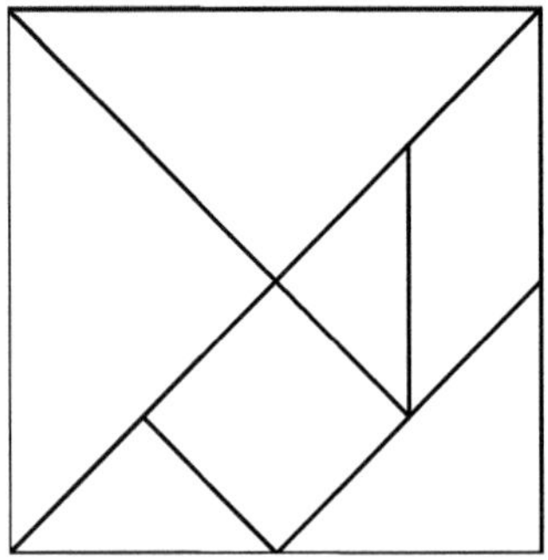

Abbildung 19: Tangram

setzten sich alle aus „Einheitsdreiecken“ zusammen, wobei es sich dabei um ein rechtwinkliges Dreieck mit den Kathetenlängen 1 und der Hypotenusenlänge $\sqrt{2}$ handelt. Das Parallelogramm und das Quadrat bestehen jeweils aus vier Einheitsdreiecken. Von den fünf Dreiecken gibt es jeweils zwei große, die aus acht Einheitsdreiecken bestehen, zwei kleine, aus zwei Einheitsdreiecken zusammengesetzt und ein mittelgroßes Dreieck, bestehend aus vier Einheitsdreiecken. Insgesamt besteht das Tangram also aus 32 Einheitsdreiecken. Das Tangram kann als Exponat im Erlebnisland erkundet werden.
Durch die handelnde Auseinandersetzung mit den Gundformen des Tangrams ist der Einsatz schon in der ersten Klasse möglich. Insbesondere Kinder mit Wahrnehmungsproblemen werden durch die spielerische Auseinandersetzung mit den geometrischen Formen zum Nachdenken angeregt. Erste Erfahrungen mit Längen, Winkeln und dem Flächeninhalt der Grundformen werden möglich. Zweitklässler kennen einfache Legestrategien und können deshalb versuchen, eigene Figuren zu legen und nicht nur nachzulegen. Durch Umlegen, Umordnen und begründen wird ihre Kombinationsfähigkeit und Kreativität geschult. Anhang A.6 kann als Kopiervorlage für Tangram genutzt werden.
Verschiedenen Differenzierungen sind möglich: Die Schüler legen strukturierte Vorlagen in Originalgröße aus, sie legen mit allen Hilfslinien vorstrukturierte Vorlagen nach, sie bekommen mittelschwierige Vorlagen, in denen nur wenige Hilfslinien enthalten sind

oder arbeiten mit der schwierigsten Form von Vorlagen, denen ohne Strukturierung. Hierzu gibt es im Anhang A.8 ein beispielhaftes Arbeitsblatt, bei dem verschiedene Motive nachgelegt werden können. Beim Einsatz im Unterricht können mit Hilfe des Tangrams die Eigenschaften seiner Bestandteile wiederholt werden. Es gibt zahlreiche Möglichkeiten,wie Tangramsteine gelegt werden können. Dazu gehören beispielsweise Tiere, Häuser und Menschen. Neben dem Quadrat können die Kinder noch ein Rechteck, ein Parallelogramm, verschiedene Trapeze, ein Dreieck und verschiedene andere konvexe Figuren[8] mit allen Tangramsteinen auslegen.

Das Schöne am Tangram ist, dass es verschiedene Möglichkeiten der selbstständigen Herstellung gibt, ähnlich den Pentominos. Man klebt die Vorlage auf Pappe, schneidet die Teile aus und laminiert sie oder überklebt sie mit selbstklebender Folie. Außerdem eignet sich Moosgummi zur Herstellung von Tangramteilen. Diese lassen sich auch durch Falten herstellen, insbesondere aus einem quadratischen Blatt Papier, wie im Anhang A.7 zu sehen ist.

Eine weitere Einsatzmöglichkeit des Tangrams bietet sich über den Mathematikunterricht hinaus. Aus den Tangramteilen können sämtliche Buchstaben des Alphabets nachgelegt werden. Der Anhang A.9 zeigt ein beispielhaftes Arbeitsblatt in verschiedenen Schwierigkeitsstufen für die fünf Vokale.

5.3.2 Das magische Ei

Das magische Ei ist ein Legespiel ähnlich dem Tangram. Hierbei wird ein Ei in neun oder als weitere Variante in zehn Teile aufgeteilt. Dieses Spiel hat wiederum zum Ziel, verschiedene Figuren nachzulegen oder sich selbst welche auszudenken. Allerdings eignet sich dieses Spiel besonders für ältere Schüler, da es recht kompliziert zu konstruieren ist. Die Konstruktion kann beispielsweise in der sechsten Klasse durchgeführt werden. Eine ausführliche Konstruktionsbeschreibung ist im Anhang A.10 zu finden. Dabei können das Formulieren von Konstruktionsbeschreibungen und Halbieren einer

[8]Konvex ist eine Figur genau dann, wenn man zwei beliebige Punkte innerhalb der Figur herausgreifen kann und die Strecke, die beide Punkte verbindet auch innerhalb der Figur liegt.

Strecke geübt werden. Die Kinder werden dadurch motiviert, dass sie nach der Konstruktion die Teile ausschneiden und Figuren nach ihrer Fantasie legen können. Zwei sehr anschauliche Beispiele liefern die Abbildungen 20 und 21.

Abbildung 20: Fliegender Vogel aus dem magischen Ei gelegt

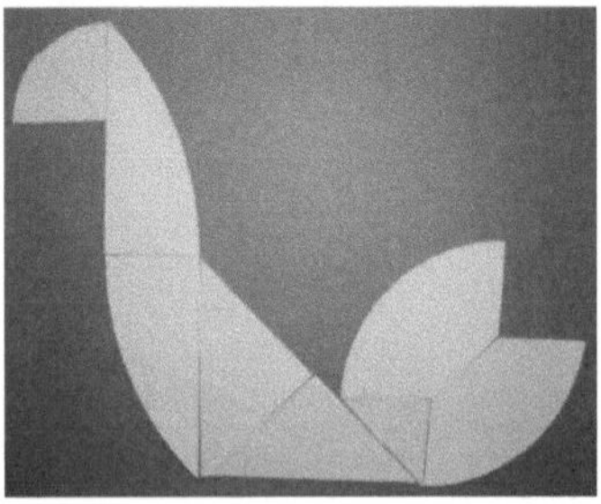

Abbildung 21: Schwan aus dem magischen Ei gelegt

Wie beim Legen von Figuren aus dem Tangram sind der Fantasie keine Grenzen gesetzt. Auch in der Grundschule, in der dritten oder vierten Klasse ist das magische Ei einsetzbar. Wenn die Figur als Kopiervorlage, wie im Anhang A.11 ausgegeben wird, können sich die Kinder im präzisen Ausschneiden üben und anschließend verschiedene Bilder legen.

6 Zusammenfassung

Knobelspiele bieten für Kinder Herausforderungen, die sich auf spielerische Weise bewältigen lassen und so Lösungsstrategien trainieren, die wiederum auf alltägliche Probleme übertragen werden können.
Im Kapitel der mathematischen Grundlagen wurde gezeigt, dass auch alltägliche Probleme Mathematikern als Anregung dienen. Sie versuchen Lösungsmöglichkeiten oder -unmöglichkeiten für Zusammensetzspiele und Packprobleme zu berechnen und mathematisch zu beweisen. Gerade weil Gedulds- und Knobelspiele allgegenwärtig und über die Schullaufbahn hinaus von Bedeutung sind, wird ihnen in den Bildungsstandards ein Bildungswert zugemessen und in den Lehrplänen eine wichtige Stellung zugeschrieben. Für die praktische Umsetzung der Exponate wurden mit dem fächerverbindenden Projekt und zahlreichen Legespielmöglichkeiten praktikable Beispiele gebracht, die den Mathematikunterricht bereichern und den Kindern verschiedener Klassenstufen nicht nur Freude an der Mathematik vermitteln, sondern zusätzlich wichtige mathematische Fähigkeiten und Fertigkeiten schulen und fördern. Der Bestand der Exponate im Erlebnisland, wofür in dieser Arbeit mit den Pentominos und dem vergrößerten Conway-Würfel Vorlagen gebracht wurden, kann somit erweitert werden.

Abschließend kann ich sagen, dass sich mir durch diese Arbeit die Vielzahl der Möglichkeiten, mit Zusammensetz- und Legespielen zu arbeiten und diese im Unterricht einzubeziehen, aufgetan hat. Mich begeistert die Vielfalt der Ideen, wie mit dem Tangram Buchstaben oder aus Pentominos Tiere zu legen, und die Weitergabe dieser Faszination an die Kinder. Das Erlebnisland kann Mathematik in vielen Exponaten begreifbar werden lassen und weckt das Interesse, mit offenen Augen und Köpfchen durch die Welt zu gehen.

7 Literatur

[1] DE BRUIJN, Nicolaas G.: Filling Boxes with Bricks. In: *American Mathematical Monthly* 76 (1969), Nr. 1, S. 37 – 40

[2] EINIG, Andrea ; BIENIG, Daniel: Der SOMA-Würfel. In: *Grundschulunterricht Mathematik Oldenbourg* 12 (02/ 2009), S. 29 – 33

[3] ELFFERS, Joost: *Tangram - das alte chinesische Formenspiel.* DuMont Buchverlag, Köln, 1976

[4] KLARNER, David A.: Brick Packing Puzzles. In: *Journal of Recreational Mathematics* 6 (1973), 2, Nr. 6, S. 112 – 117

[5] KLARNER, David A.: Packing a Rectangle with Congruent N-ominoes. In: *Journal of Combinatorial Theory* 7 (1969), 09, Nr. 2, S. 107 –115

[6] KLARNER, David A.: Packing boxes with congruent figures. In: *American Mathmatical Monthly* 1 (1964), S. 100–105

[7] KOTH, Dr. M.: *Pentominos - Figuren aus fünf Quadraten.* http://www.mathe-online.at/materialien/maria.koth/files/Pentominos_Infotext.pdf. Version: 2008

[8] KÖLLER, Jürgen: *Mathematische Basteleien.* http://www.mathematische-basteleien.de/. Version: 1999 - 2010

[9] MINISTERIUM FÜR SCHULE UND WEITERBILDUNG DES LANDES NORDRHEIN-WESTPHALEN: *Lernaufgaben Mathematik Grundschule - Forscherauftrag: Finde alle 12 Fünflinge.* http://www.standardsicherung.nrw.de/

materialdatenbank/upload/2065/725379_klp_gs_mathe_lernaufgaben_Raum%20und%20Form-08-10-08%20DW.pdf. Version: 2008

[10] MÜLLER, Gerhart ; WITTMANN, Erich C.: *Der Mathematikunterricht in der Primarstufe.* Vieweg Verlag, Baunschweig/ Wiesbaden, 1984

[11] REGELEIN, Silvia ; HAGEN, Margit: *Der gesamte Mathematikunterricht im 4. Schuljahr.* R. Oldenburg Verlag, München, 1994

[12] SCHMIDT, Wolfgang: *ABC-Tangram.* http://193.171.252.18/www.lehrerweb.at/gs/gs_arb/kl_1/d/lege/abc_tangram.pdf. Version: 1999

[13] SCHNAUDER, Johann: *Der gesamte Matheunterricht im 4. Schuljahr, Lernsequenzen, Stundenbilder, Lernspiele.* Michael Prögel Verlag, München, 1986

[14] STINDL, Wolfgang: *Der SOMA-Würfel.* http://www.schule-bw.de/unterricht/faecher/mathematik/3material/nett/soma/Somawuerfel.pdf. Version: 2006

[15] WOLLRING, Bernd ; WEISER, Werner (Hrsg.) ; WOLLRING, Bernd (Hrsg.): *Beiträge zur Didaktik der Mathematik für die Primarstufe.* Verlag Dr. Kovac, Hamburg, 2001

[16] SEKRETARIAT DER STÄNDIGEN KONFERENZ DER KULTUSMINISTER DER LÄNDER IN DER BUNDESREPUBLIK DEUTSCHLAND (Hrsg.): *Beschlüsse der Kultusministerkonferenz. Bildungsstandards im Fach Mathematik für den Primarbereich.* Wolters Kluwer Deutschland GmbH, München, 2005

[17] SEKRETARIAT DER STÄNDIGEN KONFERENZ DER KULTUSMINISTER DER LÄNDER IN DER BUNDESREPUBLIK DEUTSCHLAND (Hrsg.): *Beschlüsse der Kul-*

tusministerkonferenz. Bildungsstandards im Fach Mathematik für den Hauptschulabschluss. Wolters Kluwer Deutschland GmbH, München, 2005

[18] SEKRETARIAT DER STÄNDIGEN KONFERENZ DER KULTUSMINISTER DER LÄNDER IN DER BUNDESREPUBLIK DEUTSCHLAND (Hrsg.): *Beschlüsse der Kultusministerkonferenz. Bildungsstandards im Fach Mathematik für den Mittleren Schulbereich.* Wolters Kluwer Deutschland GmbH, München, 2004

[19] SÄCHSISCHES STAATSMINISTERIUM FÜR KULTUS (Hrsg.): *Lehrplan Grundschule. Mathematik.* http://www.sachsen-macht-schule.de/apps/lehrplandb/downloads/pdfs/lp_gs_mathematik.pdf. Version: 2009

[20] SÄCHSISCHES STAATSMINISTERIUM FÜR KULTUS (Hrsg.): *Lehrplan Gymnasium. Mathematik.* ttp://www.sachsen-macht-schule.de/apps/lehrplandb/downloads/pdfs/lp_gy_mathematik.pdf. Version: 2009

[21] SÄCHSISCHES STAATSMINISTERIUM FÜR KULTUS (Hrsg.): *Lehrplan Mittelschule. Mathematik.* http://www.sachsen-macht-schule.de/apps/lehrplandb/downloads/pdfs/lp_ms_mathematik.pdf. Version: 2009

[22] TOYS-FOR-ALL - SPIELE UND PUZZLES (Hrsg.): *Gedulspiele.* http://www.knobelspiel.info/Knobelspiele_Geschichte.html. Version: 2007

A Anhang

A.1 Internetseiten für Knobelspiele

http://www.mah-jongg.ch/ ⟨ Link ⟩

Hier können Solitaire, Mahjongg, Reversi oder Pairs, aber auch Tangram, Master Mind oder der Turm von Hanoi gespielt werden.

http://www.mygames24.de/ ⟨ Link ⟩

Hier gibt es Würfeldomino, knifflige Rätsel mit Karten und verschiedene Memorys, ein Puzzlespiel, bei dem aus Quadraten Ostereier zusammengesetzt werden sollen.

http://lernarchiv.bildung.hessen.de/ ⟨ Link ⟩

Auf dieser Seite findet man die meisten Spiele, die im Unterricht vorkommen, als Online-Spiele: Tangram, Turm von Hanoi, Master Mind, verschiedene Schiebepuzzle und Sudoku.

http://www.x-oo.com/ ⟨ Link ⟩

Diese Seite bietet verschiedene Knobelspiele, die eher Strategie erfordern.

http://www.freizeit-in-alsdorf.de/ ⟨ Link ⟩

Auf dieser Seite werden Memory, Tangram und verschiedene Streichholzrätsel geboten.

A.2 Erarbeitung aller Pentominos

Aufgabenstellung: Zeichne von einem Vierling immer dann einen Pfeil, wenn der Vierling zu einem Pentomino weitergebaut werden kann, ähnlich wie es vom Zwilling zu den Drillingen und von den Drillingen zu den Vierlingen ist. Von welchem Vierling gehen die meisten Pfeile aus?

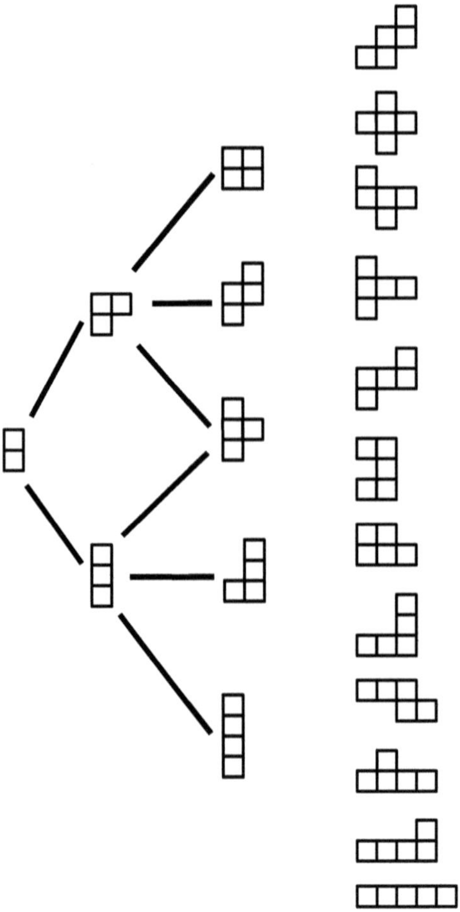

A.3 Kopiervorlage Pentominos

A.4 Arbeitsblatt Pentominos - Einsteiger

1. Aufgabenstellung: Male die Pentominos mit den Kästchen farbig aus. Finde die Pentominos im Bild wieder und male sie mit der gleichen Farbe wie die umliegenden aus. Welches Pentomino fehlt?

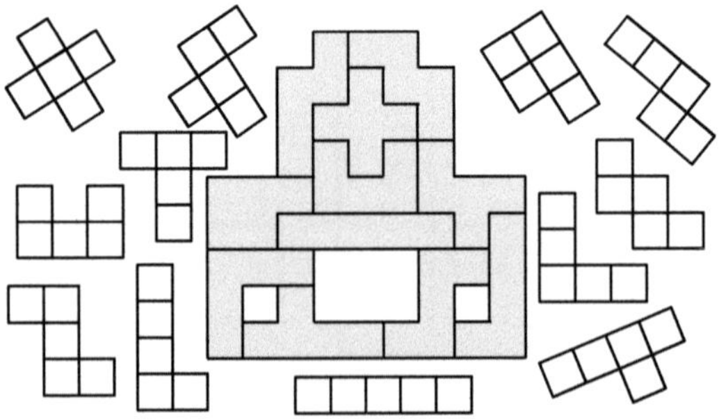

2. Aufgabenstellung: Lege folgende Figuren mit allen Pentominos aus der Kopiervorlage nach und zeichne die Steine verschiedenfarbig ein.

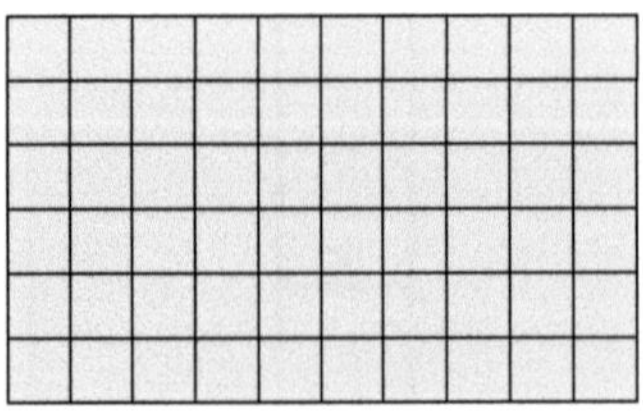

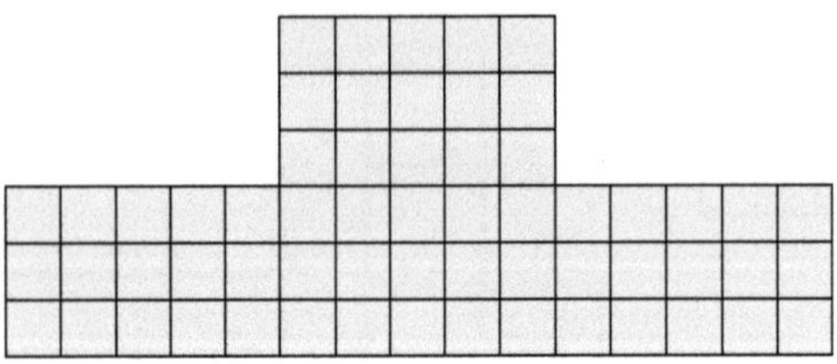

A.5 Arbeitsblatt Pentominos - Fortgeschrittene

1. Aufgabenstellung: Lege folgende Figur vollständig mit Pentominos nach und zeichne deine Lösung ein!

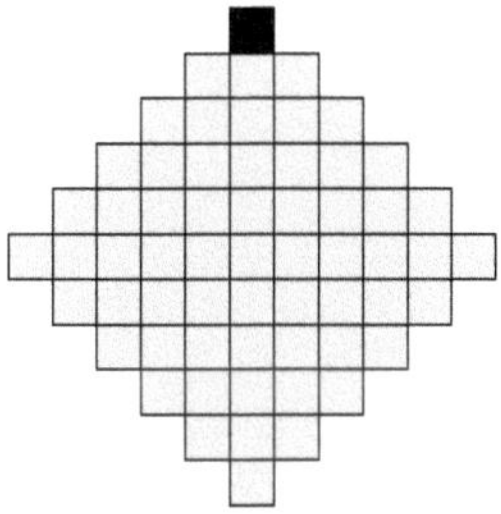

2. Aufgabenstellung: Bei folgender Figur bleiben die schwarzen Kästchen frei. Lege sie mit allen Pentominos nach und zeichne die Lösung ein!

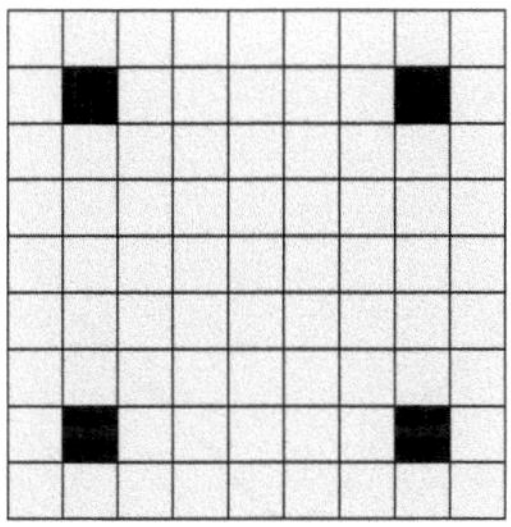

3. Aufgabenstellung: Bei folgender Figur sollen 13 Kästchen frei bleiben. Finde die Lage aller Pentominos heraus und die Position der freibleibenden Kästchen. Zeichne auch hier deine Lösung ein.

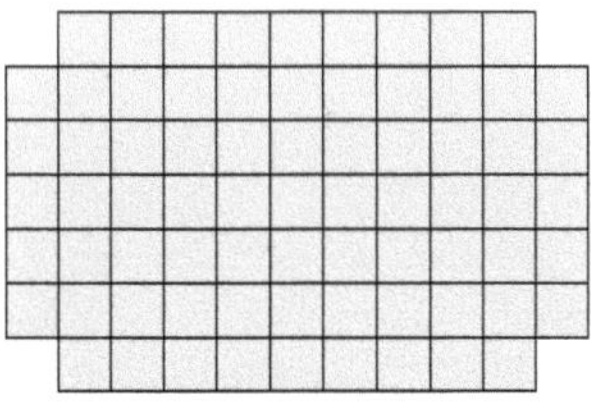

A.6 Kopiervorlage Tangram

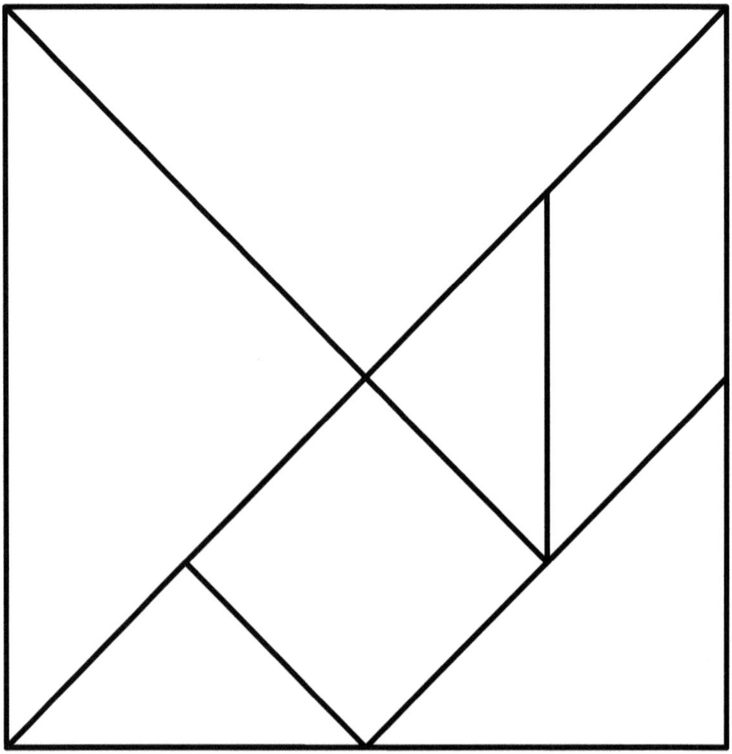

A.7 Faltbeschreibung Tangram

Das Blatt wird im Uhrzeigersinn, beginnend in einer Ecke folgendermaßen, nummeriert: die ungeraden Zahlen stehen in der Ecke und in der Mitte der Quadratseite die geraden Zahlen.

Die Ecke 7 auf die 3 legen komplett falten, glatt streichen und wieder auffalten.

Die Ecke 5 auf die 1 legen und nur von der Mitte bis zur 7 falten, glatt streichen und wieder öffnen.

Die Ecke 3 bis zum Mittelpunkt legen und falten.

Von dieser erhaltenen Faltlinie durch das Legen von der Ecke 5 auf 1 bis zur 7 falten und glattstreichen.

Die Ecke 1 bis zur Mitte legen und von der 2 bis an die vorhandene Faltlinie falten.

Die 4 zur Mitte legen und den Abschnitt zwischen den zwei vorhandenen Faltlinien falten und glatt streichen.

Abschließend alle Faltlinien mit dem Lineal und einem dunklen Stift nachzeichnen.

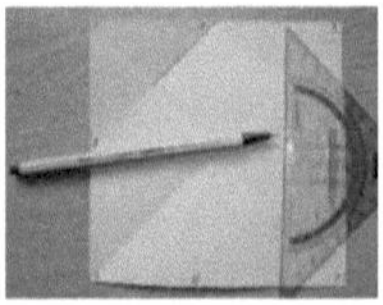

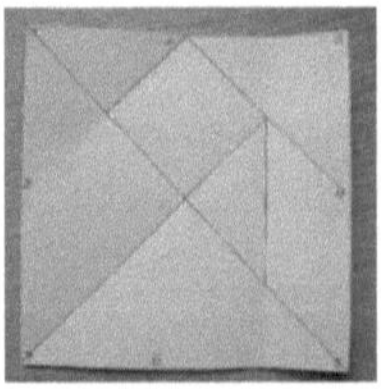

Danach können die Teile ausgeschnitten werden.

Mit dem fertigen Tangram können individuelle Figuren gelegt werden.

A.8 Arbeitsblatt Wer wird Tangram-Meister?

1. Aufgabenstellung - Einsteiger: Lege die beiden Figuren mit deinen Tangramteilen nach. Was siehst du?

2. Aufgabenstellung - Fortgeschrittene: Lege die Figuren mit den Tangramteilen nach. Welche Figuren siehst du?

3. Aufgabenstellung - Meister: Lege beide Figuren mit allen Tangramteilen nach. Wonach sehen die Figuren für dich aus?

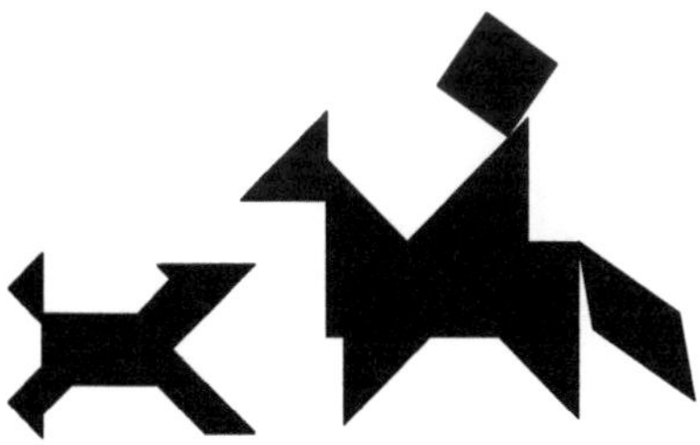

A.9 Arbeitsblatt Buchstaben-Tangram

1. Aufgabenstellung - Einsteiger: Lege die beiden Buchstaben A und E mit deinen Tangramteilen nach.

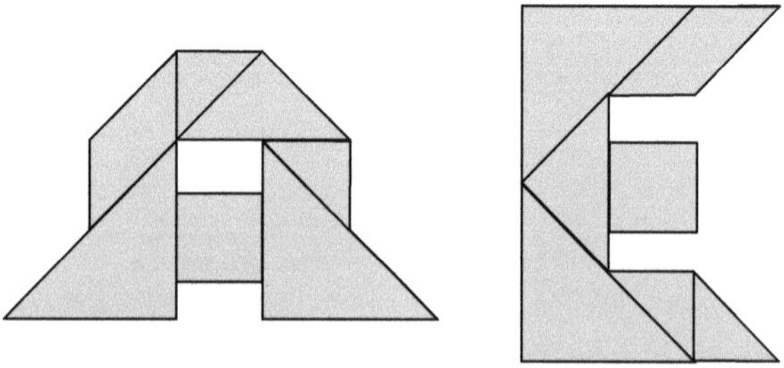

2. Aufgabenstellung - Fortgeschrittene: Lege das I mit den Tangramteilen nach.

3. Aufgabenstellung - Meister: Lege beide Buchstaben O und U mit allen Tangramteilen nach.

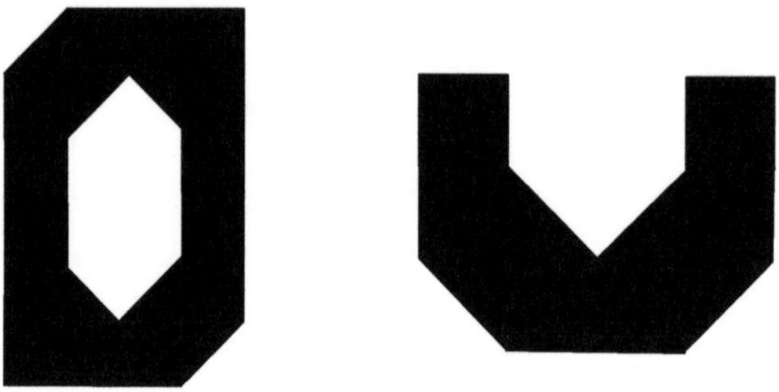

A.10 Konstruktionsbeschreibung Magisches Ei

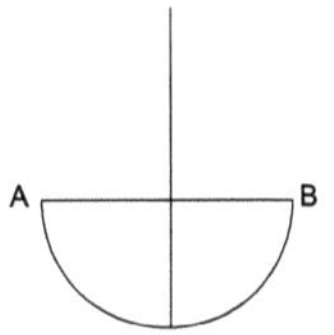

Zeichne einen Halbkreis über Strecke $\overline{AB}$ mit dem Radius $\frac{\overline{AB}}{2}$. Zeichne die Mittelsenkrechte zur Strecke $\overline{AB}$.

Trage einen Winkel von 45 ° an $\overline{AB}$ in A ab. Trage einen Winkel von 45 ° an $\overline{AB}$ in B ab. Nenne den Schnittpunkt der freien Schenkel H.

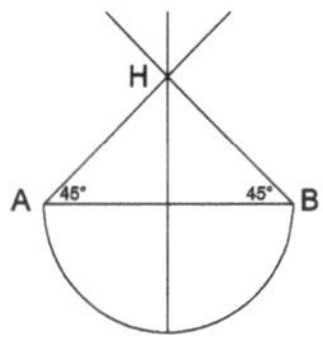

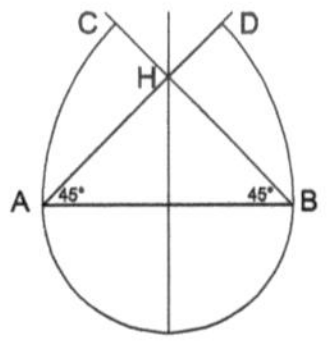

Zeichne den Kreisbogen $\widehat{BD}$ um Punkt A mit dem Radius $\overline{AB}$. Zeichne den Kreisbogen $\widehat{AC}$ um Punkt B mit dem Radius $\overline{AB}$.

Zeichne den Kreisbogen $\widehat{CD}$ um Punkt H mit dem Radius $\overline{HD}$.

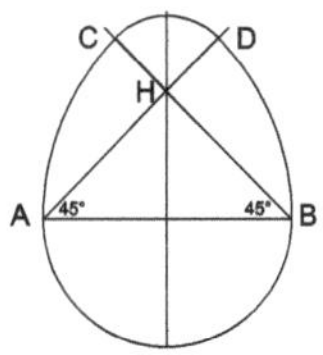

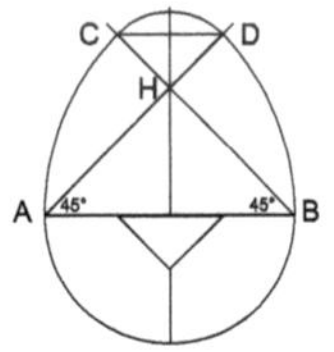

Verschiebe das Dreieck DCH vertikal nach unten, sodass die Seite $\overline{CD}$ auf $\overline{AB}$ liegt.

A.11 Kopiervorlage Magisches Ei

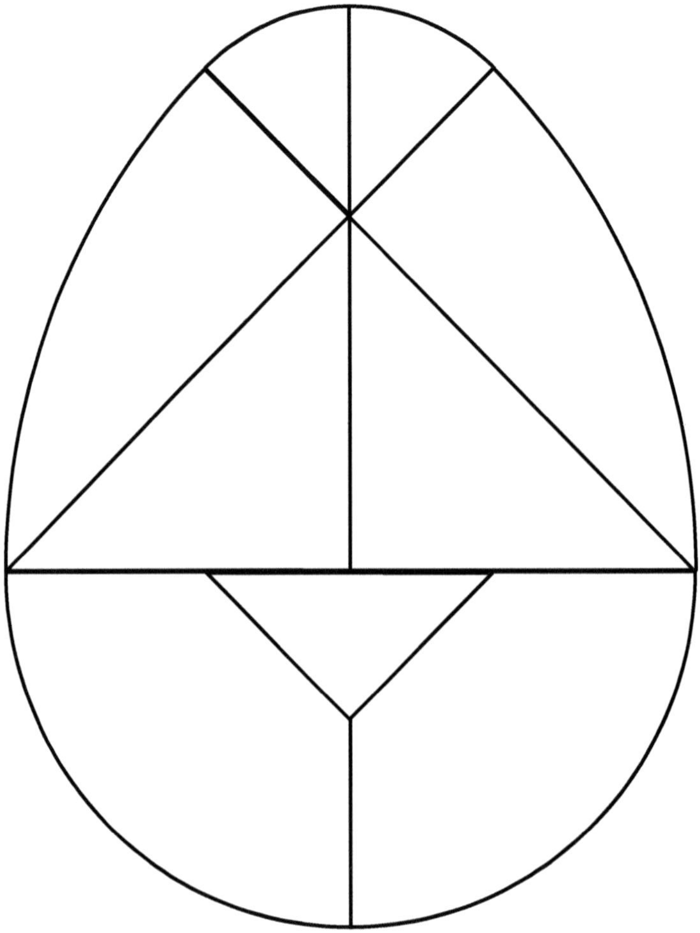

A.12 Lösungen zu den Pentomino- und Tangramrätseln

Lösungsmöglichkeiten für die Pentominoaufgaben im Anhang A.4:

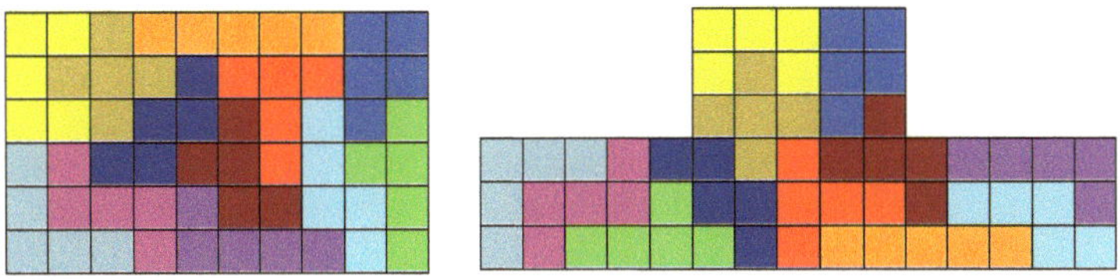

Lösungsmöglichkeiten für die Pentominoaufgaben im Anhang A.5:

Lösungen für die Tangramaufgaben im Anhang A.8

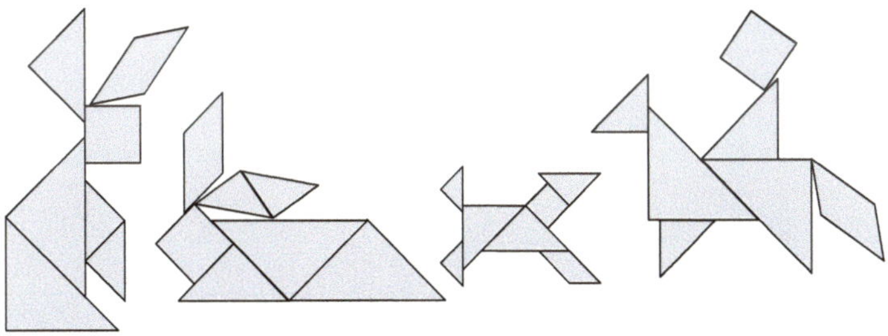

Lösungen für das Buchstaben-Tangram im Anhang A.9

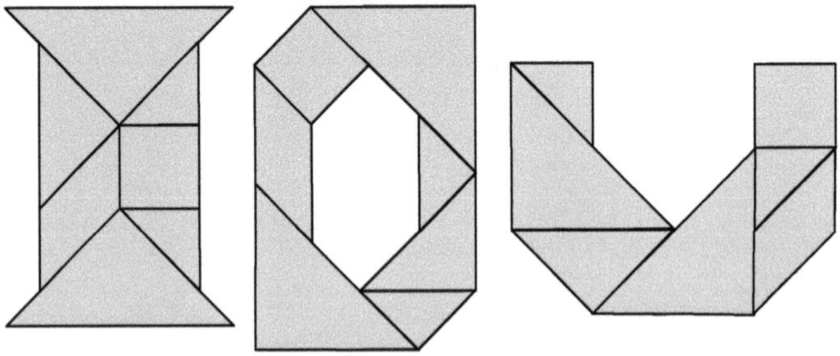